脑科学教你合理制怒

[日] 茂木健一郎 著
冯博 译

中国纺织出版社有限公司

MOUIRAIRASHINAI OKORANAINOU
©Kenichiro Mogi 2020
First published in Japan in 2020 by TOKUMA SHOTEN PUBLISHING Co., Ltd., Tokyo.
Simplified Chinese translation rights arranged with Tokuma Shoten Publishing Co., Ltd.
through CREEK& RIVER Co., Ltd.
著作权合同登记号：图号：01—2023—3225

图书在版编目（CIP）数据

脑科学教你合理制怒 /（日）茂木健一郎著；冯博译 . --北京：中国纺织出版社有限公司，2024.1
ISBN 978-7-5229-0508-2

Ⅰ. ①脑… Ⅱ. ①茂… ②冯… Ⅲ. ①情绪—自我控制—通俗读物 Ⅳ. ①B842.6-49

中国国家版本馆CIP数据核字（2023）第066405号

责任编辑：柳华君　　责任校对：高　涵　　责任印制：储志伟

中国纺织出版社有限公司出版发行
地址：北京市朝阳区百子湾东里A407号楼　邮政编码：100124
销售电话：010—67004422　传真：010—87155801
http://www.c-textilep.com
中国纺织出版社天猫旗舰店
官方微博 http://weibo.com/2119887771
天津千鹤文化传播有限公司印刷　各地新华书店经销
2024年1月第1版第1次印刷
开本：880×1230　1/32　印张：7.75
字数：120千字　定价：59.80元

凡购本书，如有缺页、倒页、脱页，由本社图书营销中心调换

前　言

其实，我本人也曾极其易怒。

这世上的人，可以分为以下两种类型：

一种是生气的人；另一种，则是不生气的人。

我过去就是前者。年轻时，我对于社会上那些作风老派、做事拖泥带水或者随心所欲的人，都极容易感到愤怒，会在心底觉得"这些都是什么玩意儿"。

也许很多人在年轻的时候会有这种感觉：自己怀有满腔的理想和正义，如果这些自己坚持的东西无法实现，就会感觉怀才不遇，对世界抱有极大的不满情绪。我年轻时就经常被周围的人调侃道："茂木，你可真是容易生气啊。"然而，那种情况现在已经彻底改变了。

如今的我，属于那种"不生气的人"。有些对我知根知底的人，可能会感觉我这话说得有点夸张了，然而，如今的我和过去的我相比，真的有着天壤之别。

我现在不仅自己变得沉着冷静、不易生气，而且就算碰到一些言行粗鲁的人或者做些徒劳无功之事的人，也只会在心底默默地想"林子大了什么鸟都有呢"，然后一笑置之。如果是放在以前，碰到这些事的我肯定会暴跳如雷。

我现在变得不容易生气了，不是因为我"立地成佛"了，也不是因为长大（并非指生理上的长大）就能自然而然变得不易生气。

其实是因为我发现：

就算生气，也无法改变现状。生气反而会导致事态升级恶化……

正因如此，我才渐渐变得不怎么生气了。这个问题我用了几十年才想明白，并且有很多人直到现在都没想明白，所以我才如此迫切地想要告诉大家。

在日常生活中，我们经常可以看到有些人因为在超市或者便利店买东西时等待结账时间过长，或因为在餐馆点单后迟迟不上菜而大声怒吼"快点！""我要等到什么时候啊！""我真是受够了！"。也许，这种事今天就在日本的某个角落发生过，甚至在你阅读这段文字时，类似的事件就正在上演。

其实静下心来想想不难明白：就算如此训斥店员，也无法改变

前　言

任何事。排队的顺序并不会因为你的愤怒而立马改变；点完单的食物也并不会因为你的愤怒而在一瞬间就被端上桌。

即使收银员或厨师会因此而手忙脚乱地加快速度，但是能够提升的速度也十分有限。想要轮到自己结账或把饭吃到嘴里，还是需要一段时间的耐心等待。

需要等待这件事并不会因为你的愤怒而发生改变。我虽然很能理解那些人由于等待时间过长而感到不愉快的心情，但是，一旦令怒火爆发出来，那接下来的几十秒乃至几分钟的时间，他们只会将自己置于一种更加烦躁的等待状态而已，甚至还会导致血压上升，对自己毫无益处。

如果事情能够因为怒火爆发而顺利解决还好，但现实往往是店员因为你的怒火而变得慌慌张张、手忙脚乱，反而有很大概率会犯错，最终导致你的等待时间变得更久，可谓是"屋漏偏逢连夜雨"。

其实，当发生让顾客久等的事情时，店员们大多也都心里有数。正是因为怀着"很抱歉让顾客久等"的心情，他们才会越发心急地想要加快手上的动作。

处于这样一种压力状态下的店员，如果再被人训斥，就会导致他们承受的压力倍增。

这样的状态绝不会给人带来任何正面影响，反而会让人更加容易犯错，造成恶性循环。

以上只是举了一个简单易懂的例子，在现实生活中这样的例子比比皆是。比如，你作为上司，对下属怒吼"你给我动作快点"时，你的下属是不是会因此犯下以前经常犯的错误呢？反之，当你被上司怒吼"你给我动作快点"时，是不是也会犯一些平时不会犯的愚蠢错误呢？

生气之下没好事——这是无论谁都能想明白的道理，但当人们生气时，往往会因为愤怒而把这件重要的事情忘得一干二净。

愤怒情绪，会在不知不觉中无情地剥夺人们所具有的沉着冷静。一旦你开始变得暴躁不安，就代表你已经渐渐失去了冷静思考的能力，有时甚至会做出一些平时绝不会做的傻事。

一旦你从愤怒情绪中缓过来，就会发现自己做了不该做的事，并"把肠子都悔青了"。有些人甚至因此而断送了自己的整个人生。由此可见，生气的背后隐藏了许多危害，大家平时还是不要生气为好。

如果要问我变得不易生气之后获得了什么好处，那我认为一方面是人际关系变得越来越和谐了，另一方面则是自己的大脑变得越发灵活了。

前 言

不易生气的人能充分发挥大脑的功能。已经工作的人,在工作上更容易做出成果;还在上学的人,也往往比其他人更容易提高学习成绩。本书将介绍如何将你的大脑变成"沉着冷静的大脑",从而提高工作和学习的效率。

沉着冷静的大脑中隐藏着一些不为人知的秘密。我将在本书中为读者详细介绍其中的秘密。

希望你可以通过阅读这本书,让自己也变成一个不易生气的人。

一起来将自己的大脑升级为"沉着冷静的大脑"吧!

如果读者能够怀着期待的心情阅读此书,好奇自己将会发生怎样的变化,那我将深感荣幸。

茂木健一郎

目　录

第 1 章　人到底为什么会生气 …………………………001

日本的 GNA（国民怒气总值）排名世界第一…………003

愤怒源自这些情绪 ……………………………………007

良性愤怒与恶性愤怒 …………………………………012

价值观不同，生气的原因也会不同 …………………016

我变得不再容易生气的理由 …………………………024

生气不能给对方带来任何好处 ………………………026

生气不会让对方发生任何改变 ………………………028

生气是因为只看到了对方的缺点 ……………………031

人类追求的终极目标是不再愤怒 ……………………034

本章小结 ………………………………………………037

第 2 章　当你生气时，你的大脑正处于这种状态⋯⋯039

生气的不是你，而是你的大脑⋯⋯041

愤怒情绪是人类自我保护的本能⋯⋯045

当你生气时，你的大脑正处于这种状态⋯⋯048

让大脑的协同工作发挥作用⋯⋯052

生气的人讲话毫无条理的原因是什么⋯⋯055

生气的人往往容易惹人生气⋯⋯059

路怒症是雄性生物一种本能的失控行为⋯⋯062

男性生气和女性生气有什么不同⋯⋯065

为什么会越想越气⋯⋯068

爱生气的人和不爱生气的人有什么不同⋯⋯072

延迟愤怒⋯⋯075

本章小结⋯⋯078

第 3 章　怒火即将爆发时的紧急处理方法⋯⋯079

瞬间控制愤怒情绪⋯⋯081

克制自身的愤怒情绪❶　在心里默默计算⋯⋯084

克制自身的愤怒情绪❷　时刻保持笑容⋯⋯087

克制自身的愤怒情绪❸　让身体动起来⋯⋯089

目 录

克制自身的愤怒情绪❹ 学会自我安慰……………………092

克制自身的愤怒情绪❺ 吃美味的食物……………………095

"抑制愤怒的情绪"不仅是为了他人………………………098

抑制对方的愤怒情绪❶ 率先道歉……………………………100

抑制对方的愤怒情绪❷ 耐心倾听……………………………103

抑制对方的愤怒情绪❸ 慢声细语……………………………106

抑制对方的愤怒情绪❹ 求助他人……………………………109

抑制对方的愤怒情绪❺ 善用反问……………………………112

抑制对方愤怒情绪时的禁忌事项………………………………115

本章小结………………………………………………………118

第❹章 将自己的愤怒情绪巧妙地传达给对方……………119

巧妙地传达愤怒情绪……………………………………………121

传达愤怒情绪❶ 开个玩笑转移矛盾…………………………124

传达愤怒情绪❷ 适当表现沮丧情绪…………………………127

传达愤怒情绪❸ 一言不发淡定离场…………………………130

传达愤怒情绪❹ 寻求第三方的帮助…………………………133

传达愤怒情绪❺ 列举他人的失败事例………………………135

传达愤怒情绪❻ 表达自身敬佩之情…………………………138

传达愤怒情绪时，切忌全盘否定对方 ·················· 141

我本人传达愤怒情绪的失败事例 ······················ 144

本章小结 ·· 147

第 ❺ 章　从今天开始养成不再生气的好习惯 ·············· 149

养成不再生气的好习惯 ·· 151

不生气的好习惯 ❶　寻找闪光点 ······················· 154

不生气的好习惯 ❷　学会发呆 ··························· 158

不生气的好习惯 ❸　学会闲聊 ··························· 162

不生气的好习惯 ❹　挑战新鲜事物 ····················· 165

不生气的好习惯 ❺　不求人办事 ······················· 169

不生气的好习惯 ❻　工作时不妨同时做些其他的事 ···· 173

不生气的好习惯 ❼　使用优雅的话语 ················· 176

不生气的好习惯 ❽　早起 ·································· 180

不生气的好习惯 ❾　客气寒暄 ··························· 183

不生气的好习惯 ❿　祝福成功之人 ····················· 186

本章小结 ·· 191

目 录

第 ❻ 章　20 世纪的愤怒情绪，21 世纪的愤怒情绪················193

　　21 世纪的新型愤怒情绪·····························195

　　老实又温顺的 21 世纪青年···························198

　　大人们制定的规则剥夺了日本社会的活力················201

　　不生气的日本青年属于新人类·······················205

　　青年们终会瓦解固有体系··························209

　　从游戏中学习人生·······························214

　　SNS 容易导致愤怒情绪扩散·························218

　　不要对生气的人火上浇油··························222

　　生气是因为缺乏元认知能力·························226

　　本章小结····································229

后　记···231

第 1 章

人到底为什么会生气

第 1 章　人到底为什么会生气

日本的 GNA（国民怒气总值）排名世界第一

如果我突然告诉你，日本有一项指标排名世界第一，你觉得那会是什么？

是人们心中最想去的国家吗？是良好的治安吗？还是人均存款值、满员电车的拥挤度？或是漫画和动画的数量、食物的美味程度……

确实，上述这些内容日本都有可能是世界第一，我对此也没有任何异议。但是，我想说的内容比这些东西都要深刻得多。

虽然我也不想在本书的开头就大肆渲染这种令人感到不安的氛围，但日本在这方面十有八九是排名世界第一的，那就是怒气值。

世界上再也找不到第二个像日本这样充满愤怒情绪的国家

了……虽然这只是我的一家之言，但我相信大家也一定深有体会吧。

证据就是，报纸、电视等新闻媒体几乎每天都会报道哪里又发生了路怒症事件，或者是有人对车站工作人员、服务员实施暴力行为等。关于这种因愤怒情绪而导致的事故和事件的报道层出不穷，人们甚至早已习以为常。

此外，在以SNS（社交网络服务）为首的互联网世界中，愤怒情绪也无处不在。不管是故意的还是偶然的、有罪的还是无罪的，在网上被其他人诽谤中伤、人身攻击的事情屡见不鲜。

其中大部分人会选择匿名攻击。大概是因为有着"反正没人知道我是谁"的安心感，所以他们才能心安理得地中伤别人吧。说得难听一些，这种行为实在是有些卑鄙无耻了。

在当今的日本……愤怒的情绪正不断蔓延扩大。

虽然很悲哀，但这就是事实。如果还有人觉得"根本没有这回事"，那我只能说他是在自欺欺人了。21世纪的日本，GNA（国民怒气总值）排名世界第一。

顺便提一下，最早将国民生产活动指标化的内容是GNP（Gross National Product，国民生产总值）。日本曾经在这项指标中排名世界第二。在泡沫经济时代，甚至一度有人预测日本将要超过当时排名

第 1 章　人到底为什么会生气

世界第一的美国。

而代表一个国家人民幸福程度的指标，则是 GNH（Gross National Happiness，国民幸福指数）。最典型的高 GNH 国家就是不丹。这个国家虽然经济并不发达，但是因其每一位国民都带着笑容且生活幸福而受到了全世界的瞩目。

好了，让我们回到 GNA 的话题。

这三个字母的内容，是国民怒气总值（Gross National Anger，GNA），是代表一个国家人民怒气值的指标，这是我自己造的词。

"难怪我从来没听过这个词呢"，大家应该都会这么想吧。

但是，说日本的 GNA 排名世界第一，相信大家多少都会有点感同身受吧。

或许也有人这么想："没有的事，像我就从来不生气。"可就算你从来都不生气，**但你身边的人里，肯定有那种动不动就对周围的人发火，甚至气到火冒三丈的人吧。**

甚至可以说，在街上随便选几个人，里面就会有一个人正在生气。

这种说法可能有点夸张，但是日常生活中，下面这些事情真的屡见不鲜：有人在走路时，碰巧前面的人走路慢吞吞的，就会不耐烦地咂嘴；有人在买东西时，遇到超市或者便利店的店员动作稍微慢点，就会大声斥责让他"动作快点"；也有人在下属犯错时火冒三丈，什么难听的话都能说出口。

无论你自己有没有发现日常生活中充满了愤怒情绪，这件事都是一个事实。相信你也理解了日本"GNA排名世界第一"这个说法并非我信口开河。

● 理解愤怒情绪的技巧 ●

观察周围不难发现，这世上有很多焦躁不安的人。

第 1 章　人到底为什么会生气

愤怒源自这些情绪

生气到底是好事还是不好的事呢？

如果被人问到了上面的问题，我想绝大多数人的回答都会是后者，甚至根本没人会选择前者。

有人会在下属犯错的时候毫不留情地数落对方；有人会在孩子沉迷于游戏而荒废学习的时候愤怒地训斥他；还有人会因为订购的商品迟迟不送过来而对店员破口大骂……

大家明明都觉得生气是"不好的事"，却又容易在无意识中火冒三丈。愤怒就是这样让人无从抵抗。

愤怒，是一种"不愉快"的情绪。也许这种说法不太准确，但可以确定的是，愤怒绝不是一种"愉快"的情绪。

人们感到了不愉快，而且想要将其表达出来，所以才会生气。从某种意义上来看，对于生气的人来说，这种行为是正当的。但即便如此，人们往往也会在事后对"生气"这件事感到后悔。

比如，经常会有人这样想：

"真不该为那点小事生气。"

"我刚才要是没说那种话就好了。"

"我刚才说话是不是有点过分了？"

而且，生气的人本人也会有一种"很丢人"的感觉，他们是因为实在无法处理好不愉快的情绪，所以才最终选择了"生气"这种手段。如果最终能让事情圆满落幕还好，可现实中往往都以双方不欢而散告终。由此可见，愤怒是一种"马后炮"行为。

现在，让我们再对愤怒进行更深层次的剖析。刚才已经说了，愤怒是一种不愉快的情绪，其实还可以将其继续细分下去。

愤怒大体可以细分为三类："不安""不满"和"不顺"。接下来，让我们一个一个来分析。

①不安

不安，简单来讲就是不知道接下来会发生什么事情。**由于无法预测未来，所以人们会感到不安。**此时，人一旦感到事情可能会进展得不顺利，就容易滋生怒火。

举一个简单的例子：当乘坐的电车因为发生故障而临时停车时，人们会因为不知道是否能够按时到达目的地而感到不安。此时如果车内也没有任何广播通知，那么有些人很可能就会愤怒地大喊："搞什么东西啊！"如果此时有类似"几分钟后再次发车"的广播通知还好，至少人们还能在这段时间内想一些对策；如果连这都没有，那人们毫无疑问会陷入不安，并随之转变为愤怒的情绪。

②不满

当人们花钱买了一件商品，回家后却发现该商品有缺陷时，肯定都会不满地觉得"这也太过分了"。如果这件商品是人们寻觅多时并且付出了巨大代价购买的，这种不满毫无疑问就会很容易转变成愤怒的情绪。

不满，是当现状低于期待或预想时产生的情绪。感到不满的人，自己心里往往会有一个标准——"这个东西应该是这样"或者"应该要做到这种程度"。而当现状无法达到他们内心的标准时，他们就会感到"这种程度还不够"，并容易产生愤怒情绪。

反之，如果人们内心一开始就没有这个标准，那即便现状并不是很完美，人们往往也会心想"可能事情就是这样"而容易接受现实。从另一个角度来看，这也许是一种放弃的心态，但至少情绪不会由不满升级为愤怒。

③不顺

当人们状态不好，或者发挥失常时，也容易变得暴躁难安。那是因为：**本来自己可以做得更好，但现实却事与愿违**。

如果事情进行得并不顺利，这种不顺也容易转变成愤怒情绪。但这种愤怒情绪，其实绝大部分针对的是生气者本人。

不过，将怒火发泄在自己身上并不是一件容易的事，因此事情多半会演变成生气者的自暴自弃，或者将怒火的矛头转向他人。

后者就是人们常说的"找人出气"。这种情况会让完全不相干的人遭受莫名的怒火攻击，毫无疑问会给他人带来困扰。

以上三种情绪就是愤怒情绪的源头。归纳起来，就是现状或将来的事情（有可能）进展不顺利，使人们感到不愉快。

而如果现状进展顺利，或者将来有可能会进展顺利，那人们自然而然也不会感到愤怒了。从这个角度来说，人们是因为觉得不舒适才会生气，可以说人们是处于一种窘迫的状态中。

可即便如此，也不是说就可以随便生气了。因为现状和未来会在自己无意识的举动中产生无数种可能的变化。

即使目前现状进展并不顺利,或者将来有可能会进展不顺利,但自己接下来的每一步行动,都十分有可能让情况好转。所以,无论情况如何糟糕,都不该轻易生气,否则会让现有的一切变为泡影。

和朋友绝交、与生意伙伴终止交易、被停职降职……

一旦自己没忍住大发雷霆,导致上述的情况发生,是会让自己后悔一辈子的。可见,生气并不能给人带来任何好处。

生气只能让现状逐渐恶化——希望大家牢牢记住这一点。

理解愤怒情绪的技巧

消除"不安""不满"和"不顺"的情绪吧!

良性愤怒与恶性愤怒

"生气并不能给人带来任何好处。"

虽然我在上一小节说了这样的话,但其实这世上也存在"良性愤怒"——有时候适当生气也没有关系。

有些人可能开始有点糊涂了:一会儿说"不能生气",一会儿又说"可以生气",到底怎么做才是对的呢?

有些人可能因为感到内容前后矛盾,就已经开始生气了。而因为这种事就产生的暴躁不安的情绪,正是恶性愤怒。

愤怒情绪分为良性愤怒和恶性愤怒。前者无伤大雅,后者伤神伤身。接下来,就带大家详细了解一下这二者之间的区别。

首先是恶性愤怒。毫无疑问,这种愤怒会让人感到不愉快,前

第 ❶ 章 人到底为什么会生气

一小节讲解的三种愤怒都属于恶性愤怒。

关于这种愤怒，相信大家已经有比较深刻的认识了。它不仅害人害己，还会导致无法挽回的后果。

其次是良性愤怒，这是一种可以改变现状和未来的手段。当然，这两种愤怒的共同点是现状都并不理想。

然而，良性愤怒是利用愤怒情绪去进行改善和改革，即通过改变自己和其他人的行动，来达到改变糟糕现状和未来的目的。

这种做法的代表人物，是瑞典的环保少女格蕾塔·通贝里（Greta Thunberg）。 年仅十几岁的她，对于全世界的政治家们在环保问题上的不作为，毫无顾虑、不留余地地发表了自己的愤怒宣言。

放眼世界环境现状，全球变暖导致世界各地灾害频发，并且这种情况还在不断恶化，现状与将来的不容乐观一目了然，绝非只有格蕾塔·通贝里一人意识到了问题的严重性。

然而，格蕾塔·通贝里却勇敢地站了出来，通过表达自己的愤怒，来改变自己和他人的行动，最终达到改变现状和未来的目的。她的言辞过于激烈，所以遭受了大量的抨击，但即便如此她也从未退缩。

同样的发言，如果格蕾塔·通贝里只是以一种平稳冷静的语调娓娓道来，那结果肯定不会像现在这般在全世界引起轩然大波。正是因为她毫无保留地释放了自己的愤怒情绪，才让她的声音最终传遍了大街小巷。

格蕾塔·通贝里对于全球变暖的问题毫不容忍。如果这个问题继续恶化下去，会让相当一部分人遭受前所未有的损失，并且灾害的范围也会继续扩大。对此，格蕾塔·通贝里并非只是作壁上观，而是爆发了自己的愤怒，将怒火转化成了行动。

如果能够改变世界，将现状和未来变得更加美好，那么这种愤怒就是良性愤怒。**良性愤怒带来的结果往往是改良和改革**。不论对谁来说，这都是一种不可或缺的能力。

值得拥有的是良性愤怒，不值得拥有的是恶性愤怒。

因此，平时能不生气最好不要生气，但一旦觉得有必要改变现状，那就请偶尔毫无顾虑地释放怒火吧。

以上就是关于愤怒的一个小总结。有些人可能以为这就是关于愤怒的全部内容了，其实不然。

愤怒远比我们想象中要复杂且深奥得多。与愤怒有关的话题也远不止如此。

第 1 章 人到底为什么会生气

理解愤怒情绪的技巧

如果生气能让现在和将来变得更加美好,那生一生气也无妨。

价值观不同，生气的原因也会不同

人们大多会因为不愉快而感到生气，但生气的标准却因人而异。不同的人对于"不安""不满"和"不顺"的接受程度自然也不同。

即便是遭遇了相同的事情，也有可能小 A 会勃然大怒，而小 B 却毫无感觉。相反，对于小 A 来说无所谓的事情，小 B 就有可能无论如何都无法接受。正因为每个人的标准不同，所以愤怒才如此令人难以捉摸。

人们到底会因何而生气？在绝大多数的情况下都取决于人们的价值观。不过基本上可以肯定的是，**当自己心爱的东西被人轻视或不正当对待时，人就会生气**。

第 ❶ 章　人到底为什么会生气

因此，只要大致了解了对方的价值观，并且尽可能地避开对方的痛处，一般来说就不会轻易激怒对方。反之，如果对对方的价值观不屑一顾，那你将面对的必定是如烈焰般的怒火。

然而，想要了解一个人的价值观却并非易事，即使是相交多年的老友，也会有把握不准的时候。

从这个角度来看，**价值观就是一个雷区**。一旦触碰红线，就容易让对方火冒三丈；而如果能够巧妙避开，那也就能够化险为夷了。因此，虽说价值观难以捉摸，但我们也只能迎难而上。

至于价值观到底由什么组成，大体有以下五个方面。这里总结的要点看起来可能微不足道，或者已经有些过时了。接下来让我逐一为大家介绍。

① 规矩

在这个世上，有许多诸如常识、礼仪和制度的东西，我们习惯称之为规矩。有些规矩是从以前代代传承而来的，有些规矩则是进入现代社会后人们重新制订的。当然，这许许多多的规矩当中，既有合理的，也有想破脑袋都想不通有什么道理的。

其中，有关仪表的规矩就是最典型的例子。例如，衬衣要塞进裤子里面，不然就会被人说是"懒懒散散"；一旦将头发染成其他颜色，定然会有人上前说教"赶紧把头发染回符合日本人审美的黑色"等，这些在日本已然是家常便饭了。

因此，那些认为"是规矩就应当遵守"的人，只要碰到那些破坏规矩的人，哪怕是否遵守这些规矩是对方的个人自由，他们也会勃然大怒。因为这些人认为遵守规矩是天经地义的，所以他们从不让步（此处慎重起见，强调一下：遵守法律法规的确是天经地义的事）。

②认真、勤奋

不论是工作还是学习，认真对待每一件事都是理所当然的。被赋予的任务和课题也一定要按时完成。

可虽说如此，世间的事情却并非认真努力就一定会有成果。因此，有些人会一直"认真勤奋"，但有些人却会三下两下应付了事，其中更是不乏一些偷懒耍滑之人。

认真对待每一件事是十分重要并且值得被尊敬的。可是不是这世间所有人都能够做到呢？我相信答案是否定的。

那些认真勤奋，认为所有事情都必须认真对待的人，一旦碰到了应付了事、偷懒耍滑之人，难免会觉得"适可而止吧"。而如果这些人反而比自己获得的成就更高，认真勤奋的人必然会更加暴怒，认为"绝对不能原谅那些家伙"。确实，这种心情也不是不能理解……

③ 高理想和高要求

那些有能力并且拥有崇高理想的人，不仅对自己要求严格，也很可能会去严格要求他人。他们给自己和其他人定的标准从一开始就是困难模式："能完成这种程度的事情是理所应当的。""如果连这都办不成那就没戏了。"

他们有时甚至会忽略对方的年龄或者经历，一旦对方没有达到自己的要求，就会说出像"你怎么连这点事情都办不好"这样的话，去否定对方的人格。那些由于孩子没有考出好成绩而经常暴怒的所谓"教育型母亲"正是此中典型。

这种类型的人往往对自己的要求也极其严格，认为自己能达到要求是理所应当的，而只要不达标，就会自己生闷气，认为"自己连这点事情都办不成，真是个废物"。这种行为一旦过度，就容易导致自我肯定感低下。

④ 忍耐、忍受

"现在的年轻人啊……"

这句话是每一个时代的年长者都爱说的惯用句。这句话的用途是抬高这些年默默无闻咬牙奋斗的自己，贬低那些忍耐力差、轻易就大喊放弃的年轻人。这种愤怒情绪中混杂了自我满足和看不起他人的情感。

引起这种愤怒情绪的对象，往往是那些刚开始去公司上班就立马辞职的年轻人等。的确，人的一生中有许多时刻需要用忍耐和忍受去克服。就像那句老话说的，"只要功夫深，铁杵磨成针"。然而，我相信并非所有的事情都是如此。

如果那个立马辞职的年轻人的工作单位其实是一个黑心企业，那不论他在那里忍耐多久，忍耐给他带来的也只会是不幸。忍耐和忍受有些时候是美德，有些时候却可能并非如此。

⑤合群、集体主义

"所有人都应该一样！""一个人想要与众不同那就是放纵任性！""为什么要脱离集体呢？"

当今的日本社会集体主义色彩浓重，不管是职场、学校还是各种个人的社交场面，人们都被要求合群。一旦有人想要打破这种氛围，就会被认为是"扰乱和谐"的人，毫无疑问会引起他人的愤怒，更有甚者会因此遭受大家的排挤和欺凌。

日本国家橄榄球队在 2019 年举行的橄榄球世界杯中，首次取得了八强的好成绩。橄榄球队员们的精彩表现，也给日本球迷们带来了一场又一场愉悦的视觉盛宴。

日本国家橄榄球队的口号是"One Team"（一个团队），与上述的集体主义、合群的概念表面相似，实则大不相同。

"One Team"，指的是设定一个高目标，然后让所有人为此团结一致达成目标，这里面包含了对个人的尊重。

相反，合群、集体主义则是不管三七二十一，先让大家统一起来再说。不但缺乏对个人的尊重，而且十分简单粗暴。

这种表现的代表事例，就是求职服装。据说，一些企业对于求职者的服装有一些隐性要求，如果来应聘的人身上穿的服装不符合该要求，就会在选拔中被淘汰掉，或者在面试中被数落。这就是典型的反面例子，跟"One Team"的精神简直是天差地别。

规矩；认真、勤奋；高理想和高要求；忍耐、忍受；合群、集体主义。

以上五点就是当今大多数日本人所拥有的价值观。当然，拥有其中三四项的人也不在少数。

在日常的交往中，一旦对方的行为触碰了自己的价值观红线，就会对对方施以怒火的也大有人在。我相信正在阅读本书的你，或许也有突然被人劈头盖脸一顿数落的经历，抑或是自己突然对他人大发雷霆的经历吧。

对于生气的人来说，这些价值观都是十分重要的东西。在他们的认知中，不仅是自己，周围所有的人都"应该遵守"这些。对于他们来说，价值观就如同一堵永远不能倒塌的高墙，一旦有人想要强行翻越，他们就会无法忍受并且勃然大怒。

严格来说，这其实是一种把价值观强加给他人的行为。上述提到的五点价值观并非永远不变。根据时代和场合的不同，价值观的内容也会有所不同。因此，可以说没什么东西是"一定要遵守的"。

但是，并非所有人都能想到这一点，所以还是有很多人只要碰到不合自己价值观的人，就会感到愤怒。他们潜意识里就已经把自己的价值观放在了正义的位置，把那些不遵守自己价值观的人放在了邪恶的位置，因此十分难缠。

这种类型的人极其易怒，同时也会被周围的人敬而远之。渐渐地，大家都抱着"惹不起躲得起"的心态，与这种类型的人渐行渐远、相背而行。

理解愤怒情绪的技巧

切勿将自己的价值观强加给他人。

我变得不再容易生气的理由

到目前为止,我已经为大家介绍过什么是愤怒,以及易怒的人都有哪些特征。相信大家多少也产生一些认同感,认为"原来如此"或者"确实,我周围也有这样的人"。或许也有些人会感到有点意外,觉得"真的会是这样吗"。

愤怒情绪存在于世界的各个角落。它是大家都避之不及的东西,而且并非我们自己创造出来的。

我在前言中也提到了,我年轻的时候极其易怒,即便是在演讲现场那种人山人海的场合,我也曾经不管不顾地大发雷霆。

"茂木这个人一点就着。"

我曾经不止一次两次听他人这样评价我。而曾经那么易怒的我，现在变得如此心平气和，其实是有原因的。关于这一点，我会在本书的后面为大家详细介绍。

之所以变得不再易怒，是因为我长大了、成熟了。虽然这种话由我自己来说有些厚脸皮，但不能否认确实有这方面的原因。而正是因为我已经成长到今天这个程度，我才有底气说，过去那种在公共场合发脾气的行为，就是"年轻气盛"所致。

其实，我过去那种易怒的脾气之所以得到改善，并不完全是因为我长大了、成熟了。根据我自己的分析，我总结出了以下三点：

- 生气不能给对方带来任何好处。
- 生气不会让对方发生任何改变。
- 生气是因为只看到了对方的缺点。

接下来我就依次为大家介绍。

理解愤怒情绪的技巧

愤怒是因为"年轻气盛"。

生气不能给对方带来任何好处

"我凭什么要被那样教训啊……"

一想到这，气血就会涌上心头，结果不由自主地说出了一些伤害对方的话语……相信谁都有过这种经历吧。当然，我自己也不例外。

那些由于克制不住自己而引发的后果，大都是不好的。有时是与对方决裂，双方从此老死不相往来；有时可能是从此被拉入黑名单等。

如果只有自己因此受伤那也就罢了，毕竟这也算是自作自受。

需要好好考虑的是对方所受到的伤害。**说话做事前，必须深思熟虑对方是否会因为自身的行动而受伤。**

大部分人直到多年以后才会察觉自己当时伤害到了对方。

第 1 章　人到底为什么会生气

人在愤怒的时候容易心情激动，一激动，难免就会忽视对方的心情或者无暇顾及太多。

"我让对方受伤了……"

人们会意识到这一点，往往是因为和对方已经不再来往了。而会造成这样的后果，也足以说明当时自己对对方造成的伤害有多深。

如果和对方的关系恶化，导致老死不相往来，那么连和好或者报恩的机会都不会有了。 因此，在内心深处有必要重新认知一下：生气不能给自己以及对方带来任何好处。

理解愤怒情绪的技巧

愤怒会给对方带来伤害。

生气不会让对方发生任何改变

对犯了错的下属勃然大怒，或者对不爱学习的孩子破口大骂……

这些都是工作和生活中时不时就能见到的场景。然而，即使当时发再大的脾气，难道事后下属就会不再犯错、孩子就会开始主动学习了吗？我看未必。

生气不会让对方发生任何改变，反而会让对方畏手畏脚，犯越来越多的错误，或者更加不爱学习。

通过生气来让对方发生改变，是典型的从外部施压的方法。如果施加的压力足够使人震撼，想必也有一部分人会变得唯命是从。

然而，那些唯命是从必定只会是表象。事实上，上司或者父母说的话他们早就已经左耳朵进右耳朵出——当成了耳旁风。

这也就是人们常说的"当面一套背后一套"。下属不会改变自己的做事方式，孩子也只会装作学习的样子偷偷地玩游戏或者看漫画书。他们往往在表面上装作很听话的样子，这样上司或者父母就会觉得"这家伙总算明白我的苦心了"而感到很欣慰。事实上，这只不过是上司或父母自己内心美好的幻想罢了。

人只有自发地认真起来，才会开始发生改变。

如果被责骂了，就会变得更加倔强且越发难以改变。

"这都是为了你着想！"

"都是为你好！"

有些人会一边说着上面的话，一边大发雷霆训斥对方。这和前面提到的将自己的价值观强加于他人的那种人没什么两样。这些话被下属或者孩子听到，只会觉得"烦死了"或者"我又没有求你这样做"，徒增他们的逆反情绪。

因此，**想通过生气改变对方是不可能的**。不管是对生气的一方还是对被生气的一方来说，生气这件事情都只是在浪费时间而已。

理解愤怒情绪的技巧

即使自己是出于"为了对方好"而生气,也不会有任何效果。

生气是因为只看到了对方的缺点

没有时间观念的朋友，如果比约定时间迟到了 10 分钟赴约，那么大家可能免不了觉得很烦躁：明明说了好几次"一定要遵守时间"，他最后还是迟到了。

并且假设此时朋友对于自己迟到一事毫不在乎，像个没事人一样晃晃悠悠地登场了。

"今天有很重要的约会，我明明都反复强调'一定不要迟到'了！你可真是一点时间观念都没有！"

此时说出这些话的你已然气得脸色通红，然而朋友却连一点道歉的意思都没有，打着哈哈说："迟到一点点有什么关系嘛。"朋友的这种无所谓的态度无疑是火上浇油。

上面这种场景在生活中也比较常见。老实说，我是十分理解这位对没有时间观念的朋友发脾气的人。相信读者中有很多人也会觉得"这当然该生气啊"。

这位朋友确实很没有时间观念。特别是当天还有很重要的约会，这对于一个社会人士、一个成年人来说是失职的。

话虽如此，没有时间观念这件事，已然是朋友个性的一部分。换句话来说，是他身上的一个缺点。

可能这位朋友身上还有诸如"亲切""温柔"，或者很有创意、品位很高等许多优点。

因为"没有时间观念"这件事而大发脾气，乍一看好像很有道理。可再怎么说，这也只是一个人身上的某一个缺点而已。如果过于在意这个缺点，就可能会变得很容易忽视他身上的其他优点。

这就是很典型的减分评价。如果因为只看到某人身上没有时间观念这一点，而当即对他做出综合评价，未免有些过分了。对于本人来说也不太公平。

不管因为什么原因生气，**那些让自己感到不愉快、觉得无法原谅的，不过是对方身上一部分的缺点而已**。如果过分放大这些缺点，就会让自己无法认清对方的全貌，变得以偏概全。

在与人相处的过程中，如果经常这么做，会很容易让自己和他

第 1 章 人到底为什么会生气

人之间产生误会，与他人的关系也必定难以长久维持。

理解愤怒情绪的技巧

你不喜欢的，只是对方身上的一小部分。

人类追求的终极目标是不再愤怒

至此，我已经为大家介绍完了我变得不再易怒的三个理由：

- **生气不能给对方带来任何好处。**
- **生气不会让对方发生任何改变。**
- **生气是因为只看到了对方的缺点。**

很多人可能听我这么一说，会觉得"好像确实如此"。然而在生活中真的碰上问题了，能够意识到这些理由的人却少之又少。

人们一旦碰上让自己感到不愉快的事情、心情变得不安、对某些事情感到不满或者事情进展得不顺利的时候，就容易感到烦躁并且怒气涌上心头。一不留神，就容易大吼出"你到底在干什么""这到底是怎么回事"这样的话语。

第 1 章　人到底为什么会生气

过去的我就是这样一个典型，在气头上时如果有人对我说"最好不要生气哦"，我会觉得"你算什么东西，狂妄也要有个限度"。然而，随着时间流逝，当我渐渐领悟到了以上的三个要点之后，就开始努力使自己变得平和。

不生气不仅能保持自己的心情愉悦，而且做任何事情都会十分高效。**如果带着烦躁的心情，或者一边嘟嘟囔囔生着气，一边工作的话，不但难以做出正确的判断，而且很难表达出自己想说的话。**

虽说听起来可能很夸张，但是我一直认为"人类追求的终极目标就是过上永远不生气的生活"。我也是打心底里觉得，我今后的人生就要这么过下去。

毫无疑问，选择不生气的生活方式，绝对比无可奈何地只能生气的生活方式要好得多。而究竟要怎么做才能实现这个目标呢？我把"药方"放到第 3 章及以后为大家介绍。

接下来的第 2 章，将为大家介绍人在愤怒时大脑的状态和愤怒给大脑带来的影响等内容。"欲速则不达"，大家如果能理解下一章的内容，那就相当于是给"药方"备好了"说明书"，永远不生气的生活也将更加容易实现。

"我不需要这种说明书！"

如果有人像上面这般心急，那也可以直接跳到第 3 章。不过，当你拿到"药方"准备去实践的时候，一定也会好奇那些办法为何会起作用吧！

其中的秘诀就藏在第 2 章的内容中。你也可以先跳过，之后再返回来阅读第 2 章的内容，你一定会觉得"原来如此，原来是这么回事"，有一种恍然大悟的感觉。

以上两种阅读方式你可以任选一种，敬请期待吧！

● **理解愤怒情绪的技巧**

将不生气这件事定为目标吧！

本章小结

- 当今日本是世界上愤怒情绪蔓延最为严重的国家。
- 愤怒源自"不安""不满"与"不顺"这三种不愉快的情绪。
- "良性愤怒"能带来改善与改革。
- 如果有人违反"遵守规矩""认真、勤奋""拥有高理想和高要求""忍耐、忍受""合群、集体主义"这些价值观，那么有很多人会为此感到愤怒。
- 生气不能给对方带来任何好处。
- 生气不会让对方发生任何改变。
- 如果因为只看到对方的缺点而生气，将会与对方产生误会。
- 不生气不仅有助于人际关系的顺利发展，还能拓展自身的活动领域。

第 2 章

当你生气时,你的大脑正处于这种状态

第 ② 章　当你生气时，你的大脑正处于这种状态

生气的不是你，而是你的大脑

"我本来没打算那么做的！"

"那不是我的本意。"

"当我回过神来，事情就已经变成这样了……"

上面的这番话，出自那些头脑一发热就对他人破口大骂或者大打出手的人。这类人平时与常人无异，可一旦让愤怒冲昏了头脑，就容易对周围的人做一些平时根本不会做的事情。特别是那种容易勃然大怒的人，经常会对自己的冲动行为后悔不已。

可即便如此，那些愤怒时的所作所为也不能因此被轻易原谅。毕竟，那些行为都切实地伤害了周围的人，给大家带来了困扰。

不过，在我的内心深处，却对这一类人有一丝说不清道不明的

同情。当他们好像事不关己似的说"我不是故意的"时，我也或多或少能够理解他们。

我之所以能够理解他们，并不是因为我曾经和他们是同一类人，也不是因为我曾经也和他们一样暴躁易怒。

事实上，那些说"我没打算那么做的"人，在发怒的时候并没有生气。这样说容易让人觉得是不是"双重人格"在背后捣鬼，其实不是。

真正生气的，并非那些头脑发热或者让愤怒冲昏头脑的人。那到底是谁在生气呢？答案是没有人。

其实，**真正生气的是"大脑"**。由于这些人的大脑做出了过激的反应，所以他们才会做出对他人破口大骂或者大打出手的行为。

明明他们自己并没有打算那么做，但由于大脑已经被愤怒情绪所控制，所以最终导致他们做出了那样的事情。从某种意义上来说，这些人自己也是受害者——大脑在被愤怒情绪控制的情况下，指挥身体做出了那些让他人感到困惑的行为。

说得更形象一点，可以说是大脑被愤怒情绪"侵占"了。**被愤怒情绪侵占的大脑，会完全失去对自身的掌控**。就好像是黑客入侵了他人的电脑后肆意妄为一样，愤怒情绪入侵了大脑之后，也会肆意控制身体做出一些给周围人带来麻烦的举动。

第 ❷ 章　当你生气时，你的大脑正处于这种状态

这些处于愤怒状态的人，完全意识不到自己的大脑已经被侵占了。他们受到这样的大脑指挥，最终做出一些并非自己本意的举动。

然而，这种状态的持续时间其实并不长，大概也就十几秒。

当这些人还处于暴走状态时，大脑就差不多会从被支配的状态中恢复过来，此时这些人才回过神来，看到眼前自己做出的种种举动，慌里慌张地大叫"完蛋了"，同时为做出这些举动的自己感到无比羞愧。

虽然这类人因为自身的愤怒对周围人造成了困扰是事实，但是因为做出的事情并非出自他们的本意，所以他们也没有很明确的"我做了这件事"的自觉。 也正是因为当事人当时并没有意识，所以他们也经常拿"不是故意的"这种话语来作借口。

而对于受害者来说，他们想说的是，"这些事情明明就是你做的"。更何况做出的事情就犹如泼出去的水，是一种无法改变的事实。我说这些话，并非想为这些人开脱，而是想要告诉大家，那些容易发怒的人所犯下的错误，背后其实是有这样一套逻辑的。

即使有的时候会因为一些令人愤愤不平的事情而头脑发热，但事实上这并不是你自己在生气，真正生气的其实是你的大脑。这一点希望大家能够真正理解。

理解愤怒情绪的技巧

愤怒的大脑会驱使你做出一些给他人带来麻烦的事情。

第 2 章　当你生气时，你的大脑正处于这种状态

愤怒情绪是人类自我保护的本能

这一小节将为大家介绍一下愤怒与大脑的关系。而在介绍这个内容之前，我想要跟大家再深入地探讨一下这个话题：到底什么才是愤怒。

在上一章中，已经为大家介绍过"愤怒就是不愉快的情绪""愤怒源自不安、不满和不顺""愤怒也分良性愤怒与恶性愤怒"等话题，还提到了"不生气有助于人际关系的顺利发展"。

事实上，愤怒是众多情绪当中极其本能的一种。接下来，我就以动物为例，为大家进行简单的说明。

动物的领地意识普遍很强，一旦有同类或其他生物威胁到它们的领地，它们就会摆出一副发怒的姿态，恐吓或者攻击对方。

对于动物来说，愤怒是一种防御本能。如果没有这种本能，就

算有其他生物入侵自身的领地，它们也无法反击和攻击。因此，甚至可以说多亏了愤怒的本能，动物才得以存续至今。

愤怒是一种本能。当动物感觉到危机来临时，它们就会发怒。

而这种刻在基因中的本能，人类也同样拥有。对于人类来说，远古时代外敌众多，他们时不时就会面临各种生存危机。远古人类每当陷入生存危机时，就会发动愤怒的本能，以此来渡过各种各样的难关。可想而知，如果没有愤怒这种本能，他们必然难以越过一次又一次的生存危机吧。

随着时代的进步，人类的外敌逐渐减少。进入农耕时代以后，赖以生存的粮食也得到了一定程度上的供给保障，人类面临的生存危机变得越来越少。因此，本能行为的出场机会也变得越来越少，其中就包括愤怒这种防御本能，愤怒最后渐渐演变为人类众多情绪中的一种。

由此可见，愤怒原本是人类用来保护自己的一种情绪。但由于时代和环境的变迁，愤怒的定位也随之发生了改变。**现在，它已经变成了保护我们自尊和满足感的东西。**

遭受过分的对待，觉得无法容忍；碰到不守规矩的人，觉得他们目中无人；遇到不遵守截止日期的人，觉得他们没有干劲……

人们一旦自尊心受伤或者无法获得满足感时，就会气血上涌或者勃然大怒。此时的愤怒与古时候的愤怒相比，本质已经发生了改变。

至于这种变化到底是好还是不好，恐怕没有人能够给出答案。

第 2 章　当你生气时，你的大脑正处于这种状态

如果非要说的话，愤怒作为一种防御本能，它的衰退证明了人们遭受的生命威胁越来越少，所以可以说是一件好事吧。

相反，保护我们自尊和满足感的愤怒，就显得有些微妙了。不仅处理不好就会导致我们的人际关系恶化，而且十分麻烦。想要掌控这种情绪，就需要一定的技巧。

总的来说，如今的愤怒情绪可以说处于一种"高不成低不就"的状态。可只要我们能够掌控它，那就没有任何问题。学会掌控愤怒情绪的技巧，那它所带来的麻烦也就能迎刃而解了。

理解愤怒情绪的技巧

愤怒原本是人类保护自己的一种本能。

当你生气时，你的大脑正处于这种状态

这一小节将为大家详细地分析愤怒与大脑的关系。

前文已经说过了，愤怒是一种不愉快的情绪。而与之相对的，就是愉快的情绪，如喜悦、高兴、快乐，或者爱、温柔，等等。

当人们遇到事情时，大脑的杏仁核会做出反应，判断这件事到底是"愉快"还是"不愉快"。**发生的事情是属于"愉快"还是"不愉快"，是由杏仁核一个个判断的。**

即使有令自己感到不安、不满或者不顺的事情发生，人也不是一开始就会产生"愤怒"情绪的。如果这件事确实是令人不愉快的，杏仁核就会相应地做出判断。

此时，即使自身会感到不愉快，人们也并不会立马就生气——有

第 2 章　当你生气时，你的大脑正处于这种状态

生气的情况，也有不生气的情况。

因此，即便自己感到不愉快，但只要能够掌控那种情绪，有些事情就不至于到非生气不可的地步。可以通过一些积极解决问题的行为，来消除那种不愉快的心情。

反之，当自己感到不愉快时，如果无法很好地掌控那种情绪，那自己就会变得怒火中烧，做出一些对对方破口大骂或者粗鲁的举动。

一般来说，无论是愉快还是不愉快，对这种情绪进行控制的都是大脑前额叶。当人们感到愉快时，前额叶就会控制身体做出一系列维持该心情的言行，反之也一样。此外，前额叶还与思维运行、决策以及言行举止直接相关。

由此可见，当杏仁核将一件事情判断为不愉快时，只要前额叶能够对其加以掌控，那么人就可以做到不生气。而如果前额叶无法掌控，那后果自然是愤怒情绪无法被遏制，最终喷涌而出。

因此，**人是否会生气完全由前额叶决定**。如果前额叶能够掌控情绪，那么人就不会生气；反之，人就会怒不可遏。

一旦前额叶失去了对不愉快情绪的控制，大脑就会被愤怒情绪所侵占。这之后会发生的事情，前文已经向大家说明过了。这是在任何人身上都有可能发生的事情，无一例外。

前额叶可以控制人类的情绪这件事，在一位名为菲尼亚斯·盖奇（Phineas Gage）的患者身上得到了证实。该患者在工作时遭遇意外事故，被铁棒刺穿了头颅。

之后经过医生们的精心治疗，他虽然保住性命成功出院，但由于大脑前额叶在事故中严重受损，导致他的脾气与从前大不相同。他本是一个对人和气、彬彬有礼的人，但这次事故以后，他变得粗俗无礼、暴躁易怒，不仅在工作中经常受伤，还频繁惹出各种各样的麻烦。从这个事例中可以看出，前额叶对于人的情绪控制起着至关重要的作用。

而当杏仁核产生过激反应时，前额叶的控制行为将短暂失去功效。因此，当人因发生的事情而产生强烈的不愉快时，他就会失去控制。

这就是愤怒情绪的产生过程。大脑在此时处于被愤怒支配的状态，愤怒的指令由杏仁核向大脑的各个区域传达开来。

当这种指令被传达到掌管语言的大脑区域时，人就会因为愤怒而口吐恶言；当指令传达到运动联合区时，人就会对对方施以暴力行为。

从身体上的反应来说，人们会有血压上升、脉搏加速、呼吸加快等生理反应。 如果仔细观察人生气时的状态，我们可以发现绝

第 ❷ 章　当你生气时，你的大脑正处于这种状态

大部分人都符合以上的描述。

理解愤怒情绪的技巧

锻炼前额叶的控制能力吧！

让大脑的协同工作发挥作用

大脑中有上千亿的神经元。

神经元并不是单独活动的,而是彼此间通过成千上万的突触形成了广泛的联系。在这种复杂的联系与复杂的协调环境中,大脑内部无时无刻不在进行着各种协同工作。

比如说,当你在和他人对话时,大脑处于活跃的部分并非只有掌管语言功能的区域。在对话的过程中,你还需要倾听对方讲话并试着去理解,然后需要经过思考之后再回答。这每一个过程都对应着大脑某一个专门的部位,在这些不同区域的神经元的协调之下,我们才能顺利说话。

多亏了神经元之间无数的协同工作,才让人类得以正常行

第 ❷ 章　当你生气时，你的大脑正处于这种状态

动，维持机体的统一与完整。

而当大脑被愤怒侵占时，又会是怎样的情况呢？那时，这些协同工作就会朝不好的方向发展。随之产生的愤怒，就是为了消除不安、不满和不顺。具体来说就是口吐恶言、大打出手等举动。

愤怒会导致大脑其他部位的机能暂时停滞，身体也就没有做出其他行动的余地了。因此，人的大脑一旦被愤怒所侵占，就会陷入这种危险的状态。

其实，即便是当自己感到不愉快时，我们可以采用的理智办法也有无数种——可以抗议、可以离席、可以找其他人帮忙等。只需要在当下选择最正确的行动，就完全可以消除不愉快的心情。

然而，一旦放任大脑被愤怒侵占，上面列出的那些理智的对应办法将变得极其难以实现。如此一来，**不仅会给对方带来困扰，自己最终也会自食恶果。**

人们的大脑一旦被愤怒侵占，他们的言行举止也会变得毫无道理。

这就相当于是自己亲手将大脑原本拥有的无限可能给封锁了，可以说是非常可惜了。

理解愤怒情绪的技巧

愤怒会导致大脑的各种机能停滞。

第 2 章　当你生气时，你的大脑正处于这种状态

生气的人讲话毫无条理的原因是什么

绝大多数的人在生气时都很难保持冷静。一般来说都是热血涌上心头、血压升高、呼吸加速，还会不自觉地加大音量或提高音调。任谁一看都能知道与他平时的状态截然不同。

愤怒会让大脑处于"逆流"状态。如果我们把大脑高度集中时的状态称为"流动"状态，那么逆流就是完全相反的状态。这种状态下，人的办事效率可想而知。

此外，人在生气时词汇量会变得极其匮乏。因为当愤怒侵占大脑时，掌管语言机能的区域将会暂时停止工作，因而此时从嘴里蹦出来的往往只有一些简短的词句。

在北野武导演的电影《极恶非道》中，经常会有暴怒的小混混

们怒吼"混蛋!""你这混蛋!"的镜头,这就是典型的大脑被愤怒支配的例子。

由于前额叶的控制机能失效,所以此时人的思考和逻辑都会有较大的破绽。我们经常可以看到那些生气的人讲话基本上都是毫无条理的。

比如,当上司和下属对于工作的方法和方向有分歧时,下属可能会说一些类似"为什么要做这样的业务呢""这个业务的目的是什么""我觉得这个业务没有任何意义"的话,此时下属只是在理性地询问上司。

"下属就老老实实听上司说的话就好了。"

对一些抱有这样想法的上司来说,他们定然是越想越憋火。此时,就算下属说的话再怎么有道理,这类上司大概也会怒上心头,一句也听不进去。他们大抵会回一些这样的话:

"别管了,我让你怎么做你就怎么做!"

"不要跟我废话这么多!"

"你小子还嫩着呢!"

当下属对于工作方法和方向感到困惑时,仔细向他们说明解释本是作为上司的义务。即便他们心里明白这一点,但一旦被怒火控制,他们就会难以做到。

第 2 章　当你生气时，你的大脑正处于这种状态

当大脑被愤怒侵占时，人们必然无法想到这么多。没有大喊大叫道"笨蛋！""你这混蛋！"就已经是谢天谢地了。

人一旦生气，大脑的运作就会变得不充分，用语言说明事情的能力也会急剧下降。大概有许多人会觉得是这样的顺序，但事实正好相反。

因为解释起来太麻烦了，所以才会生气。 至少那些易怒的人是有这种倾向的。

当对方要求解释的时候，以理性的态度、简明的话语和对方对话本是一件理所当然的事。然而，这件事虽然看起来很简单，但实施起来却意外的困难。

对方到底想要什么？要怎么做才能让对方理解？应该先说什么后说什么？说话时要用什么词语呢？……

在和对方解释说明时，大脑时刻都需要思考上面的这些事情。而且，在谈话的途中，也需要根据对方的表情来及时调整说话的内容。

如果对方是一副理解了的表情那还好，万一对方一直面无表情，或者很明显摆出一副不服气的表情，人们内心就会产生不安或者不满的情绪，最终导致怒火横生。而一旦愤怒的导火索被点燃，随之而来的自然就是一些粗暴的言语和举动。

"要解释这个太麻烦了"——当大脑被愤怒侵占时，人们就会陷入这样的状态，而这绝不是一个好兆头。

因此，当你在和其他人交谈时，如果有"这个解释起来太麻烦了"的念头，那就说明你的大脑有可能快要被愤怒给侵占了。你可以把它视为一种危险信号。

理解愤怒情绪的技巧

当你觉得解释起来很麻烦的时候，你可能已经生气了。

生气的人往往容易惹人生气

生气之所以不好,是因为生气会导致人血压升高、呼吸加速等,会给健康带来极大的影响,还可能导致脑梗死、心肌梗死等疾病突发。能不生气尽量不要生气,这件事已经是老生常谈了。

生气还有其他的害处,其中之一就是会传染。愤怒的传染能力甚至堪比病毒。

当自己被迎面而来的人撞到时,有些人会觉得很生气,但有些人却觉得无所谓。**人的大脑内部,存在一个名为"镜像神经元系统"的东西**,因此人会去无意识地模仿眼前其他人的动作。

比如说,当坐在自己对面的人拿起杯子喝咖啡时,你也会无意识地拿起杯子……这种反应就好像是在照镜子,所以这种神经元系统才会被人们称作"镜像神经元系统"。

这是**将他人的行为感知为自己行为的一种共情系统**。这被称为 20 世纪脑科学领域最重要的发现之一。

这个"镜像神经元系统",让人们在看到工作成果出众的同事时,会想着"我也要加油了"。然而,这一系统并非总会起到这种正面积极的效果,有时也会起到相反的效果。

其中一种情况就是愤怒的传染。当有一个人在生气时,这个人的行为就会影响周围的人。即使自己与该事件毫不相关,但也会不自觉地被他人的愤怒情绪所影响,内心变得烦躁不安。

再说回到这一小节开头两人相撞的例子上。假设被撞的人立马就回了一句"你搞什么",撞人的人原本只是不小心撞到的,完全没有恶意,因此最初会表现得比较冷静。

然而,当他看到对方破口大骂时,情况就发生改变了。此时"镜像神经元系统"开始发挥作用,即使一开始没有任何愤怒的情绪,他也会被对方的情绪所感染,头脑发热地吼出"你再说一遍"这样的话。

这就是所谓的愤怒情绪会传染——**愤怒会招来更多的愤怒**。之所以会有这种事情发生,都是大脑的"镜像神经元系统"在背后作祟。

第 ❷ 章　当你生气时,你的大脑正处于这种状态

无论是什么理由,只要有人生气了,必然会有人跟着开始发火。

一般来说,易怒的人在人际关系上都或多或少有一些问题。这是因为他们自己发怒会导致对方也生气,双方互不相让,事情就容易往不可挽回的方向发展。

性格易怒会导致你的人际关系恶化。反之,如果能够有效地控制愤怒情绪,那么对方自然也会心平气和,如此就能防止自身的人际关系恶化。

可悲的是,**生气的人往往自己就是愤怒情绪的引火线**。讽刺一点说就是,生气的人往往也容易惹别人生气。

相信没有人会喜欢这样一个"倒霉"头衔吧。所以,大家今后一定要记住一点:自己的愤怒情绪容易"滋生愤怒的负能量"。

● 理解愤怒情绪的技巧 ●

愤怒就像病毒一样会传染。

路怒症是雄性生物一种本能的失控行为

2019年，常磐高速公路上一起由于路怒症引发的事件引来了社会各界的关注。这起事件中，犯罪嫌疑人愤怒地殴打卡车司机的视频被各大媒体争相报道，在网上也被广泛传播。由路怒症导致的事件在近年频发，如今已经成为深刻的社会问题。

有路怒症的人绝大部分是男性。因为男性司机的数量远比女性司机多得多，所以根据统计学的原理，这么说也是不无道理的。

至于为什么绝大部分是男性，以脑科学的理论也能够解释——其实那是因为男性分泌的激素"睾酮"在作祟。

睾酮是一种会提升攻击性的激素。有说法认为，这是一种男性特有的激素，但其实女性也会分泌。

第 ❷ 章　当你生气时，你的大脑正处于这种状态

人分泌睾酮以后，攻击性也会随之增高，会总想着去控制对方甚至动手。总之，就会变得更容易生气和发怒。

"一旦开起车，就好像变了一个人一样"，大家身边也许也存在这样的人，一旦坐到司机的位置上，整个人就好像摇身一变，开车风格变得十分狂野。这大概就是睾酮的作用吧。

开头说的那起在常磐高速公路上的路怒症事件，与犯罪嫌疑人同乘一辆车的还有其他女性。一旦有女性在场，男性就会不由自主地想着要"展现自己帅气的一面"，于是会分泌出更多的睾酮。这可以说是男性的可悲之处。

因此，可以得出一个结论：**路怒症是雄性生物一种本能的失控行为**。

另外，有女性同乘一辆车其实也有好处。因为女性会分泌一种名为"催产素"的激素。它并非女人的专利，男女均可分泌，但通常被认为和一些有"女人味"的行为和情绪有关。

催产素又被称为爱情激素。它的分泌往往意味着产生爱和温柔的感觉。

当女性给婴儿哺乳时，就会分泌大量催产素。女性在哺乳过程中会感受到爱的存在，婴儿不仅能吃到母乳，还能感受到来自母亲的爱。

此外，人在与其他人拥抱、谈话或者有肌肤接触时也会分泌催产素。因此，欧美人经常拥抱，这从脑科学的角度来说是有道理的。

再回到刚才那个路怒症事件的话题上，该男性处于暴怒状态的时候，如果车上的女性能够积极地以适当的肢体接触去劝解他，说不定就能避免事件的发生。该男性在当时如果能够感受到充分的爱，说不定愤怒就会随之消散。

然而无法更改的事实告诉我们，当时同乘一辆车的女性也许并不喜欢这种劝解方式，抑或是"镜像神经元系统"起了作用，路怒症爆发的男性司机的怒火感染了同车的女性，导致愤怒再度升级，最终导致事件的发生。

同车的女性不仅没有劝解，反而和男性司机一起怒火中烧……当两人都处于这样的状态时，这场事件可以说就已经无法避免了。因此，这场事件之所以会发生，应该是有着这样一个背景的。

理解愤怒情绪的技巧

过量的睾酮可能会导致大脑处于失控状态。

第 2 章　当你生气时，你的大脑正处于这种状态

男性生气和女性生气有什么不同

上一小节提到了睾酮和催产素。

这两种激素的不同功效，导致了男性生气和女性生气之间会有一些细微的差别。这一小节就来具体讲一讲。

大体来说，男女生气分别可以总结出以下特征：

- **男性生气**：具有攻击性（动态）、直接、决断型。
- **女性生气**：具有和谐性（静态）、婉转、改善型。

接下来让我们逐个来看。现在就以最简单易懂的，当发现伴侣出轨时男女各自的反应为例，来为大家讲解。

先假设出轨的一方是女性，男性通常会心如烈火般愤怒。当他察觉到自己的伴侣每天都很晚回家，而且总是打扮得花枝招展时，

"她不会出轨了吧"这样的疑问就会一直盘旋于他的心头。就算手上没有任何证据,**男性一般也会开门见山地切入主题**。

"你这么晚回家是去哪儿了?不会在外面和别的男人鬼混吧?"

男性的说话方式也很直接。此时如果女性表现出反抗的态度,有些人甚至会将矛盾升级,对对方大打出手。简单来说,就是简单直接。

男性会通过逼问对方来获得非黑即白的答案,拒绝"灰色地带",一口气做个了结。

反之,假设出轨的一方是男性,女性当然也会生气。当女性察觉到伴侣每天很晚回家、穿衣品位和以前截然不同时,立刻会有"他一定是出轨了"这样的直觉。就算手上没有任何证据,她们内心也已经有了定论。可即便如此,**女性一般也不会直接提出来**。

"你今天工作到这么晚啊,真是辛苦了。你身上的这块手绢我怎么没有见过,是不是又是从哪个高尔夫比赛的现场拿的呀?毕竟你不可能自己去买这么有品位的东西。"

女性一般会用这种婉转的方式质问,甚至不会提到任何有关出轨的内容。然而,男性听到这句话的瞬间,心脏可能都快停止跳动了。

女性假装自己什么都不知道,却默默地用行动间接表达了"其实我什么都知道",就好像在享受男性惊慌失措时讲出粗劣谎言的

第 ❷ 章　当你生气时，你的大脑正处于这种状态

样子。

这种情况下，女性一般不会死缠烂打地去质问对方，非要得到一个非黑即白的答案。她们不会想着一口气做个了结，而是要让男性觉得"自己的行径已经暴露，不能再出轨了"。

当然，男性之中，肯定也有那种感觉对方出轨后选择拐弯抹角地问东问西，想要慢慢找出答案的类型；同理，女性之中，也不乏那种觉得对方大概率出轨后，直截了当地追问"你到底出没出轨"，想要弄清是非黑白的类型。

我这里所举的男性和女性生气的场景，不过是一些很普遍的例子而已。你可以环顾一下自己周围的那些恋爱纠纷，是不是觉得有些和前文讲的例子很相似呢？

每个人表达愤怒的方法都不一样。想要把自己的大脑改造成不易生气的大脑，保证睾酮和催产素的平衡很重要。

理解愤怒情绪的技巧

男性倾向于直截了当，而女性则倾向于改善。

为什么会越想越气

关于愤怒与大脑的关系，可以聊的内容还有很多。如果再列举一些会让你有同感的事情，那就不得不提到"回想愤怒"了。

回想愤怒，指的是当人们碰到一件无法容忍的事情时，会在大脑中回想"说起来以前好像也发生过这种事"，想起以前也有过类似的经历，然后就会导致自己的愤怒情绪升级。**眼前的焦躁和过去的焦躁变成一套"组合技"，让自己火冒三丈。**

比如说，当对方比约定的时间晚到时，你虽然心里不痛快，但是可能还不至于生气。但不知怎么，你突然想起对方以前也迟到过，一想到"说起来之前好像也发生过同样的事情"，当时的一幕幕场景就重新浮现在你的眼前，你变得想要"新账旧账一起算"。

第 2 章　当你生气时，你的大脑正处于这种状态

生气的一方肯定觉得"上次我已经容忍了，这次我真是忍无可忍了"，想来是一种"江户之仇于长崎报"[1]的心情。

而被生气的一方，肯定会觉得以前的事情"早就过去了"，现在突然拿出来说，是不是有点不讲道理甚至是粗暴。对方本来有着承认错误的态度，可以前的事情被翻出来后，他就会产生一种"这完全就是两码事"的逆反心理。

因此，即便犯错的人当下心里觉得"抱歉"或者"想道歉"，可被翻出旧账后，就会感觉自己好像被泼了脏水一般无法释怀，他的怒火爆发也只是时间问题了。

那么，为什么会发生这种"越想越气"的事情呢？实际上这是大脑的机能所导致的。在这里，我们要提到一个关键的部位——大脑中主管记忆功能的"海马体"。

在前面的章节中，我们提到了判断一件事是愉快还是不愉快的部位，是大脑的杏仁核。海马体，就位于杏仁核附近。

海马体及与其邻近的颞叶区主要负责短时记忆的存储。其中还储藏着许多诸如"以前遭遇到了危险""以前曾经这样失败过"以及"这样做很危险"等惨痛的回忆，并且可以随时调取这些信

---

[1] 日本谚语，比喻在意外的地方或不相关的问题上进行报复。——译者注

息。当然，一些幸福的回忆也储存在这里。

人之所以能够立即调取这些不好的回忆，是因为这可以防止自己再次陷入危险或者失败中。

以前碰到过这样的危险、上次之所以失败是因为做了这件事……如果大脑没有存储这类记忆，那么人类将会一直犯同样的错误。

一直犯同样的错误，也就意味着不会成长。为了避免这种事情发生，即使是一些不好的事情，海马体也会努力帮助你记忆。从这种意义上来说，我们还真得好好感谢自己的海马体。

而这也正是问题所在：如果眼前发生的事情在过去也曾发生过，那么海马体就会敲响警钟，向大脑内的杏仁核传递信息，告诉你"以前曾经发生过这种事情哦"。

杏仁核接收到该信息后，就会做出不愉快的判断，随之个体就会产生满腔怒火……这就是"回想愤怒"的产生过程。

大脑中杏仁核和海马体的位置离得很近，所以才会经常有这种连锁反应产生。这也是大脑回避危险和失败的功能。

"大脑好像有点多管闲事了……"

对于为回想愤怒所累之人来说，这或许是最真实的感想。但我要说的是，如果你真的碰上了这种事情，还是老老实实接受现实比较好。

就连刑法都规定了不溯及既往,人们还要因为以往的过失被指责,自然是有些不合理,但这就是人类为了生存而延续下来的大脑功能之一。并非所有这类行为都是不好的。愤怒与大脑之间存在许多复杂的关系。

理解愤怒情绪的技巧

导致回想愤怒的犯人是海马体。

脑科学教你合理制怒

爱生气的人和不爱生气的人有什么不同

到这一小节为止，我们已经从不同的角度讨论了愤怒与大脑之间的关系。二者之间可以说是错综复杂，难以用简单的一句话来概括。

不过，通过之前的介绍，我们至少已经知道了，一个人爱生气还是不爱生气并非由他的性格决定，而是与大脑前额叶的控制能力有很大的关系。

如果要问这种控制能力到底是何时养成的，答案是从孩提时代开始的。也就是说，**只要在孩提时代训练好大脑前额叶的控制能力，那么长大以后就能变成一个不易生气的人。**

证明上述理论的，是一个名为"棉花糖实验"的著名实验。该实验于大约半个世纪前在斯坦福大学进行，研究的目的是调查婴幼儿的自制力。

实验内容是这样的,研究团队在幼儿园孩子的面前摆上装了一块棉花糖的盘子,然后研究人员告诉孩子:"如果等15分钟后我回来,棉花糖还没有被吃掉,那么你就可以得到两块棉花糖。如果棉花糖被吃掉了,那么你就得不到其他的棉花糖。"说完,研究人员就出门了。

房间里只剩下了孩子,在大人离开期间,有隐藏的摄像头对孩子的一举一动进行监控,观察孩子到底能否克制住自己。

结果,186名幼儿园孩子当中,大概只有三分之一的孩子成功克制住了自己。在研究人员回房间之前就把棉花糖吃掉的孩子数量压倒性得多。

这个实验还有追踪调查。把棉花糖吃掉的小组和忍住没吃的小组,在十几年后的SAT(美国高中毕业生学术能力水平考试)中,平均分的差距竟然有200分以上。

研究团队从该实验的结果推出,拥有自制力的人,在社会上也往往比较容易取得成功。斯坦福大学的该实验也因此获得了"关于研究人类行为的最成功的实验之一"的评价。

我个人比较关注的一点是,孩子们是否"能够延迟快乐"。**最后忍住没吃棉花糖的孩子们,大概是在心里计算过,只要再等15分钟,**

就可以多得到一个棉花糖，因此将吃棉花糖的快乐稍微延迟了一下。

"比起现在吃一个，等一下吃两个能让自己更开心。"

虽说还是孩子，但是他们的心里已经有了这样的盘算，所以才能够忍住暂时不吃。这就是大脑前额叶的控制能力。

而那些没忍住的孩子们，也是因为想着"现在吃会更开心"，所以才一口把棉花糖吃掉了。只要当时那一瞬间开心就好，他们并没有多想之后的事情。

"毕竟还是孩子，这也是没办法的事。"

可能有些人会用上面的话来解释孩子们的行为，但是，我想问的是："现在正在阅读本书的你，是否能够忍住呢？"有些人可能肚子饿了，就直接把棉花糖吃掉了；有些人可能会边说着"谁还管以后的事"，边把棉花糖放入口中大快朵颐。

不管是对孩子还是大人来说，延迟快乐都不是一件简单的事情。更何况当眼前有诱惑出现时，难度会变得更大。

理解愤怒情绪的技巧

能延迟快乐的人更容易获得成功。

第 2 章　当你生气时，你的大脑正处于这种状态

延迟愤怒

延迟情绪对于愤怒同样适用。只要大脑前额叶能有效控制，愤怒情绪同样可以被延迟。

当眼前发生一些让自己烦躁不安的事情时，只要想着"没必要现在发火"，将情绪延迟，当下就能够以平常心对待了。只要不生气，也就不会给周围的人带来困扰。

这种方法与忍住不生气其实有点区别：它是发挥大脑前额叶的控制能力，让自己从现在开始到未来的某一个时间节点处于"不生气的状态"，是一种难度系数很高的手段。

只要能够掌控好大脑前额叶，就可以将愤怒延迟。可仅仅是这样的话，有些人可能会说"那之后还不是会在某个时间点突然爆

发"或者"那以后再想起来岂不是会很气",但这些其实都不会发生。

更切合实际一点说就是,愤怒情绪在延迟的过程中会逐渐减弱,直至烟消云散。当再次回想起来时也不会感到烦躁不安。

延迟愤怒——不易生气的人在无意识之间就已经在实践这种方法了。

在前文中,我提到了"只要在孩提时代训练好大脑前额叶的控制能力,那么长大以后就能变成一个不易生气的人",可能有些人就会认为"一个人爱不爱生气,在孩提时代就已经被决定了"。

"孩提时代没有好好训练大脑前额叶的控制能力,就会变成一个易怒的人。"

有些人可能也会有上述的疑问。如果我的回答是"YES"(是的),那么肯定有人会立刻感到不安,甚至开始产生愤怒的情绪吧!

这个回答并非有意要惹人生气,但事实确实如此。"那么人长大了以后想再改变是不是已经晚了呢?"对于这样的疑问,我的回答是"NO"(不是的)。

只需要满足几个条件,**即使在你成年以后,大脑前额叶的控制能力也是可以提高的**。

只需要掌握这些技巧,即使你已经是成年人,也还是可以让自己变成一个不易生气的人。这些方法,我会在下一章慢慢为大家

第 2 章　当你生气时，你的大脑正处于这种状态

讲解。接下来，让我们重置大脑，让自己拥有一个"不易生气的大脑"吧！

● **理解愤怒情绪的技巧** ●

即使已经成年，也还是可以让自己变成一个不易生气的人。

本章小结

- 当大脑被愤怒侵占时，人们自身会陷入无法控制的状态。
- 愤怒情绪是人类自我保护的本能。
- 人体控制愤怒情绪的地方，是大脑前额叶。
- 大脑内各种各样的神经细胞会产生连锁反应。
- 愤怒情绪之所以容易传染，是大脑的"镜像神经元系统"在作祟。
- 睾酮是一种攻击性较高的激素，催产素是一种爱情激素。
- 会延迟快乐的孩子，更可能变成不易生气的大人。

第 3 章

怒火即将爆发时的紧急处理方法

第 ③ 章　怒火即将爆发时的紧急处理方法

瞬间控制愤怒情绪

在这一章里，我将为大家介绍控制愤怒情绪的几个具有实用性的方法。其中，有的方法是立刻就可以办到的，有的办法是稍微有点难度的，还有的办法不能一蹴而就，需要日积月累地积淀。

我相信每一个办法都很有效，大家可以根据自身情况，选择最适合自己或对方的办法，灵活运用于生活中的各个场景。毫无疑问，我接下来要介绍的每一个方法，都是有脑科学的理论作为基石的。

GNA 数值排名世界第一的日本，现今已经被愤怒情绪所席卷。而且可以预见的是，这种趋势在今后只会愈演愈烈。

"我可从来没有发过火。"

也许有不少人会挺着胸膛说出上面这样的话，可即便如此，你也无法知道明天和意外哪个会先来。

即使你从来不发火，你的周围也很可能会有人无缘无故就大发雷霆。你掌握了熄灭这些人怒火的方法，可谓是百利而无一害。

愤怒情绪的高峰，最多只会持续 10 秒。 如果让这短短的一瞬间毁了自己的一生，或者是让自己丢了饭碗，那可真是让人欲哭无泪了。

"我那个时候要是没发火……"

"我那个时候要是能冷静一点的话……"

那些"一失足成千古恨"的人，也许一直在内心重复着上面这几句话。我不希望读这本书的你也重蹈覆辙。

掌控愤怒情绪的方法就是"未雨绸缪"。所谓技多不压身，我希望你可以记住这些方法，今后利用这些方法去保护自己和身边重要的人。

接下来，首先要介绍的是，当不愉快的事情发生，双方怒火突然升起时，巧妙地让自己和对方都冷静下来的方法。只要能够迅速采取措施，就能够有效地压制自己和对方的怒火。

想要控制愤怒情绪，第一步是关键，下一小节我会具体讲解。

第 3 章　怒火即将爆发时的紧急处理方法

● **抑制自己愤怒的小技巧** ●

一起来学习控制愤怒情绪的方法吧。

克制自身的愤怒情绪❶　在心里默默计算

就我个人而言，虽说与年轻时候相比，现在已经不经常发火了，但日常生活中还是会有许多让我觉得烦躁不安的瞬间，很多是烦琐的小事。

举个例子，当我在小道上走路，有人在前面慢慢悠悠晃荡的时候，因为我不可避免地要放慢脚步，所以自然会开始感到不满。可能因为我走路比较快，这种时候我就会感到非常不愉快。

特别是当前面是三四个学生在一边谈笑一边晃荡时，我心里就会想：这么年轻的孩子，走路走快点啊。而当我赶时间的时候，这种感觉就会越发强烈。

即便如此，无论是曾经的我还是现在的我，倒是都不会上前去

第 ③ 章　怒火即将爆发时的紧急处理方法

大喊:"别在这慢慢悠悠地晃荡,走快点。"可我也并非只是忍耐,什么事都不做。

当前面有人慢吞吞地走路并堵住我的路时,我会在这时开始默默计算。这一举动能够有效地压制我的怒火。

这就是我的方法——一边放慢自己当下的走路速度,一边迅速计算自己之后所需的走路速度。

"以这种速度来计算的话,我将会比预定时间晚一分钟到车站。但是今天我出门比往常要早,所以还是可以赶上 30 分出发的电车。" 要点是要具体地"数字化"。只要能像上面那样展开计算,类似"可能会迟到"这样的不安和"走快点啊"这样的不满也就随之消失。而放慢走路速度以后,也会有闲暇去欣赏平时看不到的风景。

"啊,这里新开了一家店哎!"

放慢走路速度后,说不定可以有些新的发现,这也算是一种**"啊哈经验"**[1]。在这一过程中,大脑的计算系统和发现新东西的回路都在运转,自然而然地就保护了大脑不被愤怒侵占。

---

❶ 啊哈经验(aha experience)是指人面对问题的时候,经过思索而洞察问题的关键或是参透全局,一瞬间顿悟解题之道,因而解决问题的经验。——译者注

"能像这样和朋友无忧无虑地聊天散步，也只有这样年轻的时候了。"

看着前面慢悠悠走路的孩子们，我的心里甚至会萌发出这样的感慨，此时愤怒已经烟消云散了。

如果感觉计算复杂的东西很麻烦，那么在心底默数"1、2、3……"也是可以的。这样会让大脑内数数的系统运转起来，可以有效地抵御愤怒情绪的入侵。

● **抑制自己愤怒的小技巧** ●

试着反向计算一下吧。

克制自身的愤怒情绪❷ 时刻保持笑容

在拥挤的电车里，前面站着的人的背包十分碍事；坐在旁边的人正在睡觉，头已经快要搭到自己的肩膀上了……

"唉，真是太烦了！"

"太讨厌了！"

被陌生人的一些举动弄得自己心情烦躁的经历，相信谁都有过。当自己正处于身心疲惫或者郁郁寡欢之时，平常会觉得"算了吧""没什么大不了的"的事情，很可能就会让自己怒火丛生。

这么问可能很突然，请问你觉得"愤怒"的对立面是什么？大家可能有各种不同的答案，但我相信其中的一个答案应该是"微笑"。

这个答案的论据就是没有人可以"笑着发火"。不信，你可以自己试试。

因此，当自己心情烦躁的时候，试着绽放微笑吧。只要保持微笑，愤怒情绪自然会消失得无影无踪。

人一旦开始微笑，大脑内就会分泌有着"幸福激素"之称的血清素。之后人就会开始放松，变得自在起来。

就算是强装出的笑容、害羞的笑容也没有关系。这也是所谓的"由形入神"，只要能够绽放出笑容，那么幸福感自然就会蜂拥而至。

微微一笑——只要能做到这一点，就能有效地遏制愤怒情绪，从某种意义上来说，笑容就是愤怒的天敌。

因此，当你感到烦躁不安的时候，一定要在脑海里对自己说"笑容、笑容"，并试着保持微笑。只需这样做就能遏制愤怒，可谓百利而无一害。

抑制自己愤怒的小技巧

试着回想一些快乐的事情吧。

第 3 章　怒火即将爆发时的紧急处理方法

克制自身的愤怒情绪❸　让身体动起来

人一生气，就容易变得满脸通红、喉咙干涩、眼睛充血。这些都是由交感神经的活跃而产生的反应。如果不能很好地掌控愤怒情绪，就会导致自律神经失调，从而导致更坏的事情发生。

自律神经由促进身体活跃的交感神经和调节身体放松的副交感神经组成，人一旦生气，前者就会占据主导地位。

换句话说，想要抑制怒火，只需要让后者占据主导地位即可。此类方法的一种代表性做法就是"让身体动起来"。

话虽如此，也要切记避免运动过于激烈。这样又会导致交感神经占据主导地位。

想要让副交感神经占据优势，需要做的只是"适当地活动身体"。因为生气时人体的交感神经已经处于主导地位，会变得比较活跃，所以活动身体正是一个很好的选择。

具体的做法是：**伸懒腰、做屈伸、轻轻跳跃或者做广播体操，深呼吸也是一个不错的方法**。如此一来，就可以让副交感神经占据优势，调节身体放松，大脑也就自然而然地从愤怒中解放出来了。

在公司会议上与人意见相左，感觉烦躁不安时，**不妨安排一个咖啡小憩时间，通过散散步来让自己放松**。可以邀请对方"去买点喝的吧"，然后一起走到附近的便利店或自动贩卖机。

注意，此时一定不要独自去买自己和对方的水。那样不仅会让自己"变成跑腿的"，更重要的是，如此一来就只有你自己一个人可以缓解愤怒情绪。

此时如果和会议伙伴一起去，你们就都可以适当地活动身体，使自己的副交感神经占据优势，最后达到放松心情的效果。

当咖啡小憩时间结束，再开始会议时，现场就会一改刚才的紧张氛围，变得和和睦睦。带着对方运动这个方法，在本章的后半部分将要提到的"抑制对方的愤怒情绪"中也同样适用。

第 3 章　怒火即将爆发时的紧急处理方法

抑制自己愤怒的小技巧

让副交感神经占据优势吧。

克制自身的愤怒情绪 ❹　学会自我安慰

《伊索寓言》里有一则故事叫作"酸葡萄"。故事的内容是这样的：夏日炎炎，又累又渴的狐狸抬头发现前面有一棵高高的葡萄树，树上挂满了大大的葡萄，可是它尝试跳了几次都够不着葡萄。最后，它决定放弃，并不服输地说："我敢肯定这些葡萄都是酸的。"

狐狸明明十分想吃葡萄，尝试了许多次，但无奈葡萄树太高，自己怎么也够不着，于是决定放弃。而如果放弃的理由是"够不着"，那必然会让自己怒不可遏。

"我敢肯定这些葡萄都是酸的。"

明明没有吃到嘴，却能用这样一个结论来宽慰自己，可以说是很高明的自我调节手段。

第 3 章　怒火即将爆发时的紧急处理方法

"吃不到葡萄说葡萄酸",也有人用"认知失调"这样的专门用语来形容这样一种心理活动。一般大家都会认为这是一个贬义词,但也不能一概而论。至少,就抑制愤怒情绪这一点而言,这是一个十分有效的办法。

当事情进展不顺利时,人们往往容易变得烦躁不安,有些人甚至会把气撒到其他人身上。也许正在阅读本书的你也深有体会。

明明一些无辜的人或事与自己的事情毫不相干,但自己却因为事情不顺利就朝他们撒气。对于他们来说,这一切简直就是飞来横祸。

这种撒气行为,也是大脑被愤怒侵占所导致的。不仅十分不体面,还会给周围的人带来很大的困扰。

与这种行为相比,自我安慰简直算是一种高尚的行为了,至少不会给别人带来麻烦。

因此,今后如果在比赛中落败,你可以通过"这场比赛我得到了很好的锻炼""这比赛也不过如此嘛"这样的想法来安慰自己。或者,在被生意伙伴拒绝以后,可以自我安慰地想:"这么好的生意都不做,将来肯定会后悔的""可能是因为我的想法过于新潮了吧"。

自我安慰与找借口推卸责任的性质是不同的,它说到底只是一种抑制愤怒的方法,总比一遇不顺就大发雷霆强一百倍。

脑科学教你合理制怒

抑制自己愤怒的小技巧

诸事不顺时给自己一点小安慰吧。

克制自身的愤怒情绪❺　吃美味的食物

吃美味的食物可以让人有幸福的感觉。即使碰到了讨厌的事、痛苦的事，只要能吃上一口美味的食物，那些不安、不满和不顺就会烟消云散，自己的那些烦心事也都会被抛诸脑后。

美味的食物拥有镇压愤怒情绪的力量。因此，当你感觉怒气上涌、烦躁不安的时候，不妨试试吃一些美味的食物吧。

这个方法对任何人都适用，甚至说不定对部分人来说，这是最管用的方法呢。

虽说是吃美味的食物，但也完全没有必要去一些高级餐厅。食物的种类不限，只需要吃一些你自己认为"美味"的食物即可。

我并非专门的美食家，我喜欢的食物是牛肉盖饭和立食荞麦面,因此当我感到烦躁不安的时候,我经常会去吃这些东西。牛肉盖饭和立食荞麦面真的十分美味,每当我吃到这些食物时都会感到非常幸福。

便利店贩卖的甜品也是一个很好的选择。如今这个时代,在便利店只需要用很便宜的价格就可以买到一些高级甜点,所以动动腿去附近的便利店采购一番也无不可。

也有证据表明,人在感到烦躁不安时,大脑会处于缺糖的状态。**美味的甜品既可以让自己获得糖分的补充,又可以缓解自己的烦躁心情,可谓是一石二鸟。**

因此,今后在办公室办公时,如果感到烦躁了,不妨稍作休息,去附近的便利店买些甜品回来吃。这样一来,"适当活动身体"和"吃美味的食物"这两种方法都能起效,比起单一方法更能抑制愤怒情绪。

如果不巧附近没有便利店或餐馆,那想象自己"正在吃美味的食物"也是可行的。不管是拉面、咖喱还是甜点,**只要想象自己正在吃这些"美味食物",就能够达到暂时延迟愤怒的效果**。

烦躁的心情平缓以后,当自己能够实际吃到这些食物时,就相当于把快乐延后了,可以获得成倍的幸福感。

第 3 章　怒火即将爆发时的紧急处理方法

● 抑制自己愤怒的小技巧 ●

随身带一些可以即食的美味吧。

"抑制愤怒的情绪"不仅是为了他人

当自己感到烦躁不安时就该抑制愤怒，这么做是"为了自己"，这个观点肯定大部分人都同意。

而如果眼前的人大发雷霆时，自己帮助他抑制愤怒——这么做是为了谁呢？毫无疑问，是为了眼前这个人，同时也是"为了自己"。

当有人发怒时，帮助他抑制愤怒，不仅是为了发火的那个人好，也是为了所有相关人员好。因为如果这个人的怒火得不到抑制，那么周围所有的人早晚都会被波及。

被愤怒侵占大脑的，不仅是生气者本人，在周围目睹这一切的所有人都会受到牵连。因为镜像神经元系统会把大家变成"一根绳上的蚂蚱"。

当眼前的人大发雷霆时,如果放任不管,我们自己必然也会变得烦躁不安,因为愤怒情绪是会传染的。而当大家都变得怒火四溢时,什么可怕的事情都有可能发生。

因此,抑制对方的愤怒并不仅是为了他人,同时也是为了保护自己而必须做的事情。也就是本小节的标题所说的:"抑制愤怒的情绪不仅是为了他人。"

抑制自身的愤怒,也是为了不让对方受到波及。一旦对方受到影响也开始发怒了,事情就会变得不可控制,因此抑制自身愤怒是必须的。保护对方就是保护自己,彼此是息息相关的。

抑制对方的愤怒,比起掌控自身的愤怒多了许多未知条件,所以可能有些人觉得难度很高。可如果不主动帮助对方抑制愤怒,你就很有可能会受到对方怒火的波及,受到更加严重的伤害。

一味畏手畏脚,只会让损失逐渐扩大。因此,在自己受他人影响导致大脑被愤怒侵占之前,必须采取行动才行。

抑制他人愤怒的小技巧

为了他人,也为了自己,帮助他人冷静下来吧。

脑科学教你合理制怒

抑制对方的愤怒情绪❶　率先道歉

假设你一边看手机一边走路时，撞到了迎面走来的一个人。因为是你走路没有看路，所以对方暴怒，并且朝你大吼："你走路时眼睛能不能看路啊！"

一边看手机一边走路是十分危险的行为。你虽然也知道这是一种很危险的行为，但当时你是因为找不到目的地，所以才拿出手机边看地图边找，导致走路时没有注意，不小心撞到了对方。

虽说你本身并无恶意，但是对方不知道你的情况。在对方看来，你可能是一边走路，一边在"看SNS"或者"玩游戏"。

而当对方大发雷霆并口吐恶言时，就算你自己多少有错，也必然会怒上心头。到了这一步，双方变得怒火交加也只是时间问题了。

第 ❸ 章　怒火即将爆发时的紧急处理方法

"我不就撞了你一下吗？"

"有你这么说话的吗？"

如果你无意识中说出了上面这些话，那就证明你的大脑已经被愤怒侵占了。这样下去，双方怒火的交战只会愈演愈烈。

此时，抑制对方愤怒情绪的方法之一就是"率先道歉"。不管错在不在自己，只要自己能够率先道歉，即使是处于气头上的对方也不得不减弱自己的怒火。

道歉的要点是：**微微低头，并且用郑重的语气说"对不起（抱歉/十分抱歉）"**。眼前的对方看到你如此真挚地道歉，即使当时正处于暴怒状态，也会觉得"自己也应该有礼貌才行"。

对方会产生这种想法，也是由于镜像神经元系统的影响。这种方法正是巧妙地利用了"镜像神经元系统"。

"明明自己没有错却要向对方道歉，岂不是助长了对方的气焰吗？"

有些人可能会这么想。不过，这只不过是抑制对方愤怒的一个紧急对策而已。这种事情并非比赛，也没有裁判，自己率先退让一步也没有任何问题。如果能够做到早一步向暴怒的对方道歉，不仅可以有效地抑制对方的怒火，同时还能让自己变得冷静。

顺便提一下，道歉时切忌使用讽刺或者冷淡的口吻。这样做只

脑科学教你合理制怒

会火上浇油，百害而无一利。

抑制他人愤怒的小技巧

准备一些道歉的话语吧。

抑制对方的愤怒情绪❷　耐心倾听

人会变得暴怒，总有一些导火索。有可能是一些琐碎的小事，也有可能是一些严重的问题……

"我之所以生气，是因为碰上了这些事情，你为什么就不明白呢？"

"这种事情我绝对无法原谅。你为什么就是不懂呢？"

一旦对方表现出这种态度，就代表他已经生气了。表达自己意见的方法明明有很多种，但对方却故意或者偶然地使用"愤怒"这个手段来表达。这在前面的章节中也提到过，有可能是因为对方觉得解释说明太麻烦了。

当然，对方这种行为是正当还是不正当的另当别论。有的人可能是因为自己的胡思乱想才这样做，也有的人可能就是故意找碴儿。

如果是这样，那么试着耐心倾听对方说的话也是一种抑制愤怒的好方法。虽说做到这一点需要一点决心和勇气，但的确有值得尝试的价值。

这种方法的具体做法是，先主动询问对方："请问可以告诉我详细的内容吗？"此时需要抱着一种想帮对方解决问题的心态去倾听对方说的话。

如果只是勉强说出这些话，那么只会让对方的怒火越发强烈。**不妨当自己是一名记者，想象自己是在街头采访路人。**

只要有人肯"安静地倾听"，那么大部分人都会回过神来，恢复冷静状态。

"啊，其实也没什么大不了的事。"

"也不是什么非要说给别人听的事情。"

此时对方很有可能对自己陷入愤怒这件事感到十分羞愧，甩下一句"不用了"，然后飞快地从现场逃离。

愤怒的巅峰也就只能保持 10 秒左右。就算对方冷静下来给你讲述当时生气的理由，也很有可能在中途就变成了"我为什么生气来着""我为什么会在这里跟这个人讲这些话"这样不可思议的情况。

对方在说话的过程中，愤怒情绪就会逐渐消散。一旦对方察觉到"没什么大不了的,不至于生气",大概也就会从现场离开了。

倾听火冒三丈的人讲话,绝不是一件让人心情愉快的事情。但是如果你能抱着真诚的态度去倾听,那么事情将会大有转机。有的时候,也许就是这样一个倾听的举动,就能够解决不少麻烦事呢!

抑制他人愤怒的小技巧

给暴怒的对方来一个小采访吧。

脑科学教你合理制怒

抑制对方的愤怒情绪❸ 慢声细语

处于愤怒状态中的人,往往说话的声音也会不自觉变大,或者说话语速变得很快。有些人甚至会变得歇斯底里。

此时比较难办的是,我们无法听清对方到底在讲些什么。如果不知道对方到底因为什么生气,那也就没有办法应对了。

"啊,你说什么?"

"请你再说一遍。"

"我听不懂你在说什么。"

如果你在不经意间说出了这样的话,可能会让对方更加火冒三丈。愤怒的对方会认为自己"被当成了傻子"。

想要听懂对方说的话,不妨自己先慢声细语地说话。说话时尽量选择清楚易懂并且简单的词语。

至于说话的语速，可以试着模仿一下战地摄影师渡部阳一先生❶的说话方式。没人能在听到他那慢声细语的话之后还继续保持愤怒。这样说话一方面可以表现出你真挚诚实的人品，另一方面听的人也会变得安静平和。

一旦减慢语速，对方就会有"这个人接下来会说什么呢""这个人可能会说一些很重要的事情"的感觉。**此时，他们的大脑就会认为"接下来的话最好还是听一下"而自动竖起小天线。**

就像是当孩子有什么事情想要告诉父母时，大体都会用"那个""我跟你说哦""我有话要说"这类话来开头。因为他们要一边想内容一边说话，所以语速自然会变得很慢。此时，父母也会觉得"这孩子今天怎么了"，而竖起耳朵用心倾听。

通过慢声细语说话的方式，可以吸引对方的注意力，让对方集中精神听自己说话。大脑的听觉系统开始活跃运转，自然而然就能解除愤怒状态了。

只要自己减慢说话速度，对方就会不自觉地放慢语速。这其实也是巧妙地利用了"镜像神经元系统"的原理。

---

❶ 他以说话语速慢而闻名，用词高雅，说话幽默风趣。——译者注

脑科学教你合理制怒

只要自己能一直保持缓慢的语速,那么对方就会在不知不觉中让自己的语速与你保持一致,对方的愤怒情绪也就从大脑中消散于无形了。

抑制他人愤怒的小技巧

面对暴怒的对方时,请试着放慢自己的语速吧。

抑制对方的愤怒情绪❹ 求助他人

在车站或者人流量较大的路段，有时明明就只是轻轻碰了一下对方，却不知道怎么触了对方的"霉头"，对方会突然大声怒吼："干什么啊，你这混蛋！"此时许多人会本着"来而不往非礼也"的心态回一句"你才干什么呢"。

双方的行为都称不上理智，但人生气时的行为大体如此。最终也往往容易不欢而散。

对方大发雷霆，一味地责备你……如果当时的情况周围有很多人看到了，那么至少你可以获得大多数人的理解和支持。

因此，没有必要在口头上逞一时的威风，此时最好的办法就是向周围的人们求助。

我们不妨先向周围的人投放求助的目光，让他们帮帮忙。 如果此时现场有人目睹了全过程，自然会跳出来说"算了算了""住手吧"来当和事佬。特别是人流量较大的地方，总有人会对你路见不平拔刀相助。

需要注意的是，求助的时间一般是对方暴怒后的 10 秒左右。那个时候对方的愤怒已经爆发完毕，整个人开始趋于冷静。如果此时有人出手相助，对方心里也会开始觉得"是时候退一步了"。

其实即使是处于暴怒状态的人，多少也会抱有"自己的行为不理智"这样的自觉。只不过是因为当时有些骑虎难下而已。

有些发怒的人甚至会期待有人跳出来当和事佬，只要有外人介入，自己就有台阶可下了。

如果在你发出了求助的目光后，周围的人没有任何反应——毕竟也有很多人奉行"多一事不如少一事"的原则，所以这种可能性也很大。

这种时候，**不妨对周围的人大声求助："求求谁帮我叫工作人员（警察）来！"** 一旦事情进行到这一步，大多数时候对方也会开始打退堂鼓说"没打算把事情闹这么大，算了算了"，然后迅速离开现场。此时，对方心里想的是"事情闹大了会很麻烦"，有时甚至还会主动道歉。

第 3 章　怒火即将爆发时的紧急处理方法

抑制对方的愤怒情绪，并不一定就只能靠自己，在很多情况下也可以尝试求助于周围素未谋面的陌生人。

抑制他人愤怒的小技巧

寻找周围愿意帮助自己的人吧。

脑科学教你合理制怒

抑制对方的愤怒情绪❺　善用反问

要想抑制对方的愤怒情绪，根据对象不同，使用的方法也应进行相应的改变。目前为止的章节里为大家介绍的都是一些普遍适用的方法。

当对方是那种拥有比较高理想、高要求的人时，有一种特别有效的方法可以"对付"他们，那就是对对方进行"反问"。

当自己工作上犯错或者没有达成工作目标时，平时要求很高的上司可能会生气地说："你怎么连这点事情都办不到！"特别当上司是那种工作能力强的类型时更是如此，他们绝对无法容忍下属达不到自己的要求。

"这种要求怎么可能完成！"

第 ❸ 章　怒火即将爆发时的紧急处理方法

"这种事情我不可能做到！"

如果像上面这样反驳上司，不仅会徒增他的怒火，还会让自己也憋一肚子气。最后导致双方剑拔弩张，使职场氛围也十分紧张。

先不管上司制订的目标是否合理，毕竟你没有完成目标这件事情是事实，因此即使再怎么无法接受，此时也应该坦率地承认自己的不足。

即使承认自己的不足，也不代表你今后就无法达成目标，更不代表你就低人一等。

如果上司是一个工作能力强的人，那我建议你不妨试试反问这种办法。

"那您觉得我应该怎么办才好呢？"

"您认为我在哪里犯错了呢？"

"您认为我哪里做得不好呢？"

先坦率承认自己没有达成目标，然后虚心地询问对方的意见和建议。只要能够抱着这种态度去反问对方，事情就很可能会有转机。

此时，内心想着"这家伙在自我反省了""这家伙还挺认真"的上司，基本上就会给你一些具体可行的意见和建议了。如果上司真的工作能力强，他就会告诉你一些诸如"这里应该这样做""碰到这种情况时应该这样应对"的具体意见。

当对方被问到"那应该怎么办"时，思绪就会自然而然地被引导到解决问题的方向上了。当上司开始思考如何能够让你今后的工作顺利进行时，他的怒火也在不经意间被丢到了一边，逐渐就烟消云散了。

由此可见，**善用反问可以防止对方的大脑被愤怒情绪侵占**，你自己也自然不会被对方的愤怒情绪感染。

来自上司的意见和建议就是你今后的任务，只要能够按照这个思路去完成，那么你应该就可以达到上司的要求了。所以不妨把这些当作是"来自上司的礼物"。

如果反问对方后得到的回答是"这种程度的东西你自己想去"，那就足以证明上司平时并未留意过你的工作，也没有为你打算过什么，那你也就没有必要再就这个问题继续纠缠下去了。

从某种意义上来说，得到这样的回答也算是一种幸运。因为此时只需要回答"好的我知道了，我自己慢慢想"，然后离开现场就好了……

抑制他人愤怒的小技巧

让愤怒的对方给自己一点意见和建议吧。

抑制对方愤怒情绪时的禁忌事项

无论对方是自己认识的人还是不认识的人，当对方开始发火时，有一件事一定尽量不要做，那就是"沉默不语"。

如果对方生气的理由与你无关，完全是对方的错误，那你可能觉得此时反驳对方或者向对方抗议会显得自己很愚蠢。我也十分理解这种"完全不想跟对方扯上关系"的心情。

"说什么都是徒劳。"

"只要忍耐一会儿就好了。"

"反正说什么也没用。"

很多人在这种自暴自弃和绝望的心情下，自然而然会选择"沉默不语"这个方式。毕竟对方不可能一直处于愤怒状态，这也算是一种"疲劳等待作战",其实这是一种风险巨大的选择。

沉默不语,是一种无声的抵抗。

对于正在气头上的人来说,你的沉默就是一种抵抗行为。

"你是不是有什么意见?"

"你总是一副高高在上的样子。"

"你倒是说话啊!"

此时的沉默,其实就是对对方的一种挑衅。因此,如果你选择沉默,即使对方一开始并未这样想,随着时间的推移,他也只会慢慢变得越来越火大。

而且,沉默不语也可能会助长对方的气焰,会让对方认为"这是认同我说的话了""看来我做得还不够过分啊",给对方传达一种错误的信息。

世间常见的家庭暴力就是此中典型。遭受暴力的一方经常会觉得"我只要忍忍就好了",而只是沉默忍耐,施暴的一方往往会因此变本加厉。

有一句名言叫作"雄辩是银,沉默是金",但这句话并不适用于当怒火波及自己的时候。希望大家可以勇敢发声,积极使用"抑制对方愤怒情绪"的方法去面对怒火。

第 3 章　怒火即将爆发时的紧急处理方法

抑制他人愤怒的小技巧

当怒火波及自己时切忌沉默不语。

本章小结

- 愤怒的巅峰也就只能保持 10 秒左右。
- 抑制自身愤怒情绪的方法有五种。

  ❶ 在心里默默计算

  ❷ 时刻保持笑容

  ❸ 让身体动起来

  ❹ 学会自我安慰

  ❺ 吃美味的食物

- 抑制对方的愤怒情绪，其实也是为了保护自己。
- 抑制对方愤怒情绪的方法也有五种。

  ❶ 率先道歉

  ❷ 耐心倾听

  ❸ 慢声细语

  ❹ 求助他人

  ❺ 善用反问

- 当对方发火时，沉默不语其实是一种无声的抵抗。

第 4 章

将自己的愤怒情绪巧妙地传达给对方

第 4 章　将自己的愤怒情绪巧妙地传达给对方

巧妙地传达愤怒情绪

上一章为大家介绍了当感到"烦躁不安""要爆发"时应该如何抑制愤怒情绪。无论是抑制自己的愤怒情绪还是对方的愤怒情绪的技巧,都是一些紧急情况下的应对方法。

这些抑制愤怒情绪的方法,总能在一些场合派上用场。当自己或者对方开始变得烦躁不安时,果断使用这些方法去预防事情变得更糟吧!

知道这些知识总没坏处,不过比起仅仅知道,我更希望大家碰到紧急情况时都能够灵活使用这些方法。

抑制愤怒情绪的方法是一种常备药品。只要大家能够常备在身上,就有可能避免一些不必要的纠纷。

脑科学教你合理制怒

本章将要介绍如何把自己的愤怒情绪传达给他人。希望大家通过学习,可以将自己"正在生气"这件事巧妙地传达给对方。

"忍不了了!"

"适可而止吧!"

"差不多得了!"

即使一开始觉得"这点事就算了吧"而不把事情放在心上,但如果再三发生这种事,人们的心境也会慢慢发生变化。"积少成多,积土成山",这些日积月累的负面情绪,最终有可能会发展成滔天的怒火。

举个例子,上司随意把一件你不擅长的事情交给你,对你说:"能不能帮我把这个事做了?"你手头刚好没事,于是你也没想那么多就答应了。相信这种场景在许多公司里每天都在上演。

慢慢地,可能是上司养成了习惯,他变得完全不顾及你的感受,整天都是"你能不能先帮我把这个项目做了""今天下班之前把这个做好给我",然后把各种工作甩给你做。上司可能在无意识中认为"只要跟你说了,你什么工作都会帮他做"。

这些原本并非你的工作,你本来完全可以不帮忙,但就因为你好心答应了,才让自己陷入了这种困境。虽然你很想对上司说"适可而止吧",但如果你说话的语气中明显带着愤怒情绪,上司肯定

第 **4** 章 将自己的愤怒情绪巧妙地传达给对方

会因此吓一跳。有些上司甚至会因此恼羞成怒,反过来对你怒吼:"没有你这么说话的吧!"

那到底要怎么做才能把自己的愤怒情绪巧妙地传达给对方,让对方理解你现在的心情呢?接下来就为大家介绍这些方法。

本章将为大家举例说明各种把"愤怒情绪"传达给对方的方法。希望大家通过阅读,可以获得一些"原来只要这样做就好了""下次我也这样试试"之类的灵感。我相信,这些方法里面一定有一个是适合你的。

传达愤怒的小技巧

巧妙地倾诉出来吧!

脑科学教你合理制怒

传达愤怒情绪❶ 开个玩笑转移矛盾

在日常生活中，总有一些粗心大意或者让你感觉不快的人会做一些令你讨厌的事情。如果这个人刚好是自己的上司，那么人们往往难以当面表达自己的不快。

"你有没有男朋友/女朋友？"

"你都已经这个年纪了，还不赶紧找个人结婚啊？"

虽然现在已经是21世纪了，但像这样喜欢用这些话语来道德骚扰别人的人还是不在少数。因为这些人完全没有意识到这种问题已经构成了"道德骚扰"，所以他们常常见人就问这种问题。

这些人不自觉也就算了，如果有人指责他们说："你这是道德骚扰！"他们反而会反驳道："这有什么关系嘛！""我是关心你才这么

第 ❹ 章　将自己的愤怒情绪巧妙地传达给对方

问的！"因为他们深信自己的价值观十分正确，因此反驳得理所当然。我在此对拥有这样上司的人们深表同情。

对于这类人，你再怎么跟他讲道理，也只是"搬豆腐块垫脚——白费力气"，或者可以说是"对牛弹琴"。

此时最有效的办法是开个玩笑转移矛盾。对于那些喜欢打探你私人生活的上司，你不妨用下面的方法进行反击。

"哎哟，部长，现在都已经21世纪了，你的思想怎么像20世纪的老年人一样。"

"这里是哪儿啊？我不会是穿越回20世纪了吧？"

"对了，我记得部长您也有个女儿吧，她找男朋友了吗？"

虽说是开个玩笑转移矛盾，但如果你只是用开玩笑的语气说出来，那效果将会减半。因此，完全没有必要用滑稽搞笑的方式说出来。

正因为说话的语气认真而干脆，所以这一类稍带讽刺的话才会变成笑话。 此时如果周围有人听到了你们的对话，定然会瞬间爆笑。

这就是将愤怒转化成玩笑的好办法。此时上司看着爆笑的众人，也就不好再说什么了。

在不给对方造成伤害的基础上传达自己的愤怒——能做到这一点的就是将矛盾转移成玩笑。

因为双方并没有撕破脸皮，所以也不至于影响双方的关系。同

脑科学教你合理制怒

时能让对方清楚地认识到"自己说的话让眼前的人感到不愉快了",可谓是一石二鸟。

传达愤怒的小技巧

增加自己的玩笑库存吧!

第 4 章　将自己的愤怒情绪巧妙地传达给对方

传达愤怒情绪❷　适当表现沮丧情绪

有些人在感到烦躁不安的时候，容易把情绪表现在脸上。不管是好还是坏，大家对这种人的定义是：没有城府。

"那个人现在肯定很烦躁。"

一般来说，周围的人察觉到对方的这种状态后，要么就默不作声，要么就有意识地回避。简而言之，与面无表情相比，将情绪摆在脸上会让周围的人更了解如何与你相处。

那是不是就要经常把烦躁的表情摆在脸上呢？我并不推荐这个方法。特别当对方是自己的长辈时，更是不应该。

因为对方看到你烦躁的表情时，会不自觉地被你传染，心想"你这是什么态度"，反而可能会暴怒。

脑科学教你合理制怒

当上司把额外的工作甩给你时，如果你把内心的"我不接受""我不想做这些工作"这种情绪摆在脸上，皱着眉头阴沉着脸，那跟发火没什么两样。在对方眼里，你这就是在无声地反抗，最后难免闹得双方都不愉快。

如果要将情绪摆在脸上，那应该面露沮丧的表情。"您怎么还把这种工作交给下属做啊""您作为我的上司，连这点工作都做不了吗"，将这类话语化作情绪摆在脸上，做出一副沮丧的表情，同时还可以深深地叹息一声"唉"，这样效果也会不错。

上司看到你这么沮丧的表情，就会因为事情的发展出乎意料而不知所措，然后内心暗想"我是不是太过分了"，最后变成"要不今天就算了""算了算了，没事了"。

这也是女性对男性表达情感的常用方法。可以起到让对方自我反省、改正错误的效果。

至于使用这种方法需要注意的点，那就是千万不要露出轻蔑的表情。如果轻蔑地冷眼相待，那就会让对方感到自己"被当成傻子"，最后弄巧成拙。

沮丧和轻蔑的情绪只有一线之差。只有你强烈地表现出"真是太遗憾了"的心情，才能很好地产生沮丧的效果。

第 ④ 章　将自己的愤怒情绪巧妙地传达给对方

🔵 传达愤怒的小技巧 🔵

将遗憾沮丧的心情摆在脸上！

脑科学教你合理制怒

传达愤怒情绪❸ 一言不发淡定离场

在电影和电视剧里，经常有那种在谈判中途，突然有人大声喊道"这太不像话了"，然后愤然离席、摔门而去的镜头。虽说不知道现实生活的商务场合中会有多少这样的场景，但我相信这种情况肯定是存在的。

商谈时，如果对方提出一些你绝对不会答应的条件，那往往是对方在故意为难你。

"就算我提出这么过分的要求，再加一点乱七八糟的条件，你也还是得答应我。"

对方是抱着上面这样的想法来跟你谈生意的，所以自然会提出一些过分的要求。因为对方的想法是"反正你拒绝我，最后还是你自己倒霉"。

"能不能求求你帮帮我？"即使你这样低三下四地恳求，如果对方是有意为难，也不会高抬贵手。

"你这也太过分了！"即使你面露愠色强硬拒绝，结果也只是飞蛾扑火。对方随意一句"那随便你啊，反正跟我们做生意的也不只你们一家公司"就能让你偃旗息鼓。

面对过分的要求时，正面碰撞只会起到反效果。我们不妨试试其他的方法。

面对过分的要求，如果想要表明自己愤怒的情绪，有效的方法只有一个，那就是本小节开头提到的毅然离场。具体的做法是，淡定地回答对方："我明白了，那这笔生意就算了吧。"然后收拾东西果断地扬长而去，这就够了。

说话时一定要面无表情，让对方感受到你的冷淡。但注意，语气中一定不要夹杂愤怒的情绪。一旦夹杂了哪怕一点儿的愤怒情绪，这种愤怒也会传染给对方，导致最后难以收场。

面无表情毅然离场的做法，会让对方意识到自己"做得太过分了"。几天后，对方大概会主动找你道歉："上次的事真是对不住了。"

作为下属，如果上司甩给你一些你不想做的工作，即使你当时手头正在做一些事，也可以和他说"我先去开会了""我今天身体不舒服先下班了",然后果断离场。当场离开的行为,是很明确的拒绝信号。上司大概也会因此意识到自己"做得有点过分了"吧。

这里的技巧是要立即做出反应。上司的话说完的一瞬间就立刻起身离席,效果会更佳。

● **传达愤怒的小技巧** ●

面无表情毅然离场。

第 4 章　将自己的愤怒情绪巧妙地传达给对方

传达愤怒情绪❹　寻求第三方的帮助

　　性骚扰或者职权骚扰等骚扰行为，有时候施暴的一方自己是意识不到的。即使是有独立判断能力的成年人身上也会出现这种倾向。话虽如此，也绝不是说这些行为"可以做"，更不是说施暴人讲一句简单的"我本来没打算这么做"就能被原谅。

　　被骚扰的一方应该明确地将自己的愤怒传达给对方。这种愤怒情绪是对自己的一种保护。看到这里，肯定会有人觉得"你又不是当事人，你当然可以轻松地说出这些话了"。确实，要做到这一点"绝非易事"。

　　如果被性骚扰、职权骚扰或霸凌的一方能够直接将自己的愤怒传达给对方，那他们早就这么做了。正是因为没能做到这一点，他们才会一直被骚扰。

当你深陷这样的状况时，我建议你选择一些间接的方法传达自己的愤怒，那就是寻求第三方的帮助。

向公正中立的机关倾诉"自己遭受了性骚扰（职权骚扰/霸凌）"是最正确的做法。 向组织内部的举报部门告发确实可行，但有时事情也会不了了之，有时甚至主动告发的一方损失更大。

如果你不想把事情闹得太大，那我再给你推荐一个方法。**那就是找到一个自己和施暴方都认识的、组织外部的中立方。**

"我从很久以前就开始遭受这样的骚扰，你能不能帮我对他说一下，让他别再这样了？"

然后让这位第三方的人代替你去找施暴方谈话。如果第三方的人是有一定社会地位的人，效果则会更好。

被这样的第三方指责以后，施暴方定然会深感自己"不能再继续这种行为"了。一旦意识到了这一点，对方应该也会痛改前非了吧。

让第三方代为转达的方法是"速效救心丸"。 见效迅速，适合在"关键时刻"使用。

传达愤怒的小技巧

让值得信赖的人代为传达。

传达愤怒情绪 ❺ 列举他人的失败事例

"住在我家对面的那对夫妇,丈夫好像出轨了。之前他们两个大吵了一架,最后吵得要闹离婚。好像后来丈夫就一直没回家,真不知道他们最后会怎样。呵呵……"

俗话说"人之不幸甜如蜜",像这样的流言蜚语最容易传播开来。

无论是男性还是女性,都喜欢听这样的八卦。因为这些事情都与自己无关,所以可以没心没肺地哈哈大笑,也可以隔岸观火泰然自若。

但是,如果自己也有相似的经历,那就不一样了,明明说的是其他人的事,却会感觉像是在说自己。

脑科学教你合理制怒

如果自己也正在做同样的事，那当妻子跟自己说这种八卦时，丈夫就会变得疑神疑鬼，担心"自己的事不会露馅了吧""难道她已经知道了，所以才故意说这个事情"，丈夫肯定会像这样坐立难安。

如果妻子真的知道丈夫出轨，那么借助他人出轨吵架离婚的八卦，可以有效地向丈夫传达自己的愤怒。如此一来，丈夫就难逃妻子的"五指山"了。

女性在这方面天生就比男性更得心应手。如此一来，这位丈夫每次和妻子待在一起时都会变得如履薄冰。

当你在对话中提到了他人失败的事例后，对方就会产生"这不会是在说我吧"这样不安的情绪。与当面撕破脸发火相比，这种方法更能在精神层面上影响对方。

在讲述他人失败的事例时，如果一开始就把自己的目的摆到明面上，效果将会大打折扣。应该先从毫不相干的话题入手，等到对方放松警惕以后再果断出击。

"啊，对了，还有个事是这样的，你听说了吗？"

要像偶然想起来一样切入主题。放松警惕的对方一开始完全想不到这个话题是关于自己的，甚至会没心没肺地哈哈大笑。

慢慢地，对方会开始察觉到"这个不会说的是我吧"。有些人

第 ❹ 章　将自己的愤怒情绪巧妙地传达给对方

可能会因此恼羞成怒。

　　话题说完以后，再加上一句"真不知道他们以后会怎样呢"，以表示担忧作为结束，这就如同往对方的心上钉钉子一样。

　　列举他人的失败事例，就是在暗示对方："你以后也可能会变成这样……" 清楚地向对方展示反面案例，这样对方的行为自然会变得收敛许多。

● **传达愤怒的小技巧** ●

将他人失败的事例当作谈话素材。

传达愤怒情绪❻　表达自身敬佩之情

"我讨厌被别人这样议论。"

"我可不想被别人这样对待。"

当遇到让自己不愉快的事情时，愤怒情绪难免涌上心头。诚然，忍无可忍之时，直接把心里想的话一股脑全说出来也是一种解决办法。

但如果因为发火导致自己陷入不利的境况就得不偿失了。先发火的一方总是输家。

传达愤怒情绪的方法有许多种，有的方法是双刃剑。比如"向对方表达自己的敬佩之情"，这可以说是一种相当高级的战术。

当能力强或很厉害的人失败的时候，说一些"像您这么厉害的人居然会犯这种错误,我真是不敢相信……"这类的话语,就好像在说"智者千虑必有一失"一样。

犯的错误本身没什么大不了的,但因为是那个人犯的错误,所以才让人吃惊。是人就会犯错误,这无可厚非,但是如果你把意思表达成了"您居然会犯这种低级错误",那就会变成讽刺语气,效果会适得其反。

稍有不慎,在对方看来你就是在讽刺挖苦,所以我才会说这种方法是一把双刃剑。

当上司做了一些让你不舒服的事情时,比起直接跳脚发火,用饱含期待的说话方式,更能表达出你内心的不满情绪。 比如,当上司要把不该你负责的工作丢给你时,你不妨试试下面的这一席话:

"我真是没想到,像您这样工作能力这么强的人,居然也会在分配工作时出现不妥,真是让我感到有点意外。我还以为所有的工作都在您掌控之中呢,看来今天确实是太忙了。还是说您碰上了什么事,让您分心了吗?没想到部长这样有能力的人,都会对这项工作感到棘手。明明一直都能很有条理地下达指令,这次却和往常完全不同。下次还请您尽早吩咐。"

这些话语中,"所有的工作都在您掌控之中""一直都能很有条理地下达指令"都是在表达自己的敬佩之心，但背后却隐隐包含了"不要胡乱分配工作""不要到了这个节点还让我做这些事"这样的愤怒情绪，可以说离讽刺挖苦只有一线之隔了。

愤怒的心情被勉强克制住了，这样既表达了对上司的敬佩之心，又隐隐展现了自己的抗议和指责，上司很有可能会因此怀疑自己的做法"是不是不太好""有点太过分了"，由此反省自己下次应该尽早下指示。

"不要胡乱分配工作！"

"不要到了这个时间节点还让我做这些事！"

如果像这样直接向上司抗议，只会惹得上司不高兴："你连我的命令都不听了吗？"最坏的情况甚至会让上司记仇，最终导致自己被降职或者裁员。

因此，即使碰上不愉快的事，也可以通过表达敬佩之心，来巧妙地传达愤怒之情。这是一种十分高明的方法，如果能够牢牢掌握，那不管对方是什么样的人，在人际关系处理方面你都能得心应手。

● 传达愤怒的小技巧 ●

不要讽刺挖苦，用一些高明的表达方式。

第 4 章　将自己的愤怒情绪巧妙地传达给对方

传达愤怒情绪时，切忌全盘否定对方

当被别人打扰到时，人们的心情往往是"我受不了了""差不多得了"。有些人因为愤怒难耐，甚至会全盘否定对方。对这些人来说，这大概是一种表达愤怒的方式吧。

孩提时期，和朋友吵架之后，即使当场说了"绝交"，数日之后还是会有人率先让步，最后和好如初。这大概就是所谓的"关系好到吵架也没事"。

然而遗憾的是，长大成人以后，一旦关系破裂就再难破镜重圆了。所谓的"不打不相识"大概只有电视里才会出现吧。

如果吵架时全盘否定对方，那就等于和对方的关系除了决裂之外别无他路。不仅无法和好如初，而且会让自己和对方都受伤，有害无益。

"憎人及物"的思想绝对无法让你拥有良好的人际关系，因此我们应该把握好一个度。

即使有人给你制造了麻烦，你也只需要对那些行为生气。应该对事不对人，我认为做到这点十分重要。

俗话说"恶其罪而不恶其人"。应该憎恨的，只有对方犯的错而已，生气也是同理。

向对方传达愤怒情绪时，有一些"禁忌内容"是绝对不能说出口的。一旦说出口，必然会给对方造成巨大的伤害，最坏的结果甚至是让你们当场决裂，从此形同陌路。

比如，当妻子对自己赚钱不多甚至被裁员的丈夫抱有不满情绪时，经常容易将下面这些话脱口而出：

"就是因为你赚不到钱，所以我现在才会过得这么苦。我跟了你可真是够倒霉的。"

赚钱少，还被裁员了……

最在意这些事的，其实正是丈夫自己。因此丈夫不仅觉得"让妻子过得这么苦自己十分内疚"，而且认为"妻子骂我两句也是应该的"。

或许丈夫此时正瞒着妻子在努力重新找工作，或者做一些职业培训什么的。如果妻子此时说出这些伤人的话,那对丈夫将是致命的打击。丈夫心中那种"要为了妻子加油"的心情必然会一扫而空,最终两人的关系也会走向破裂。

"覆水难收。"

说出去的话如同泼出去的水,是无法收回的。不管吵架当时如何愤怒,有些绝不能说出口的话一定要深藏心底。

即使丈夫赚钱少、被裁员,也并不代表丈夫能力差。有可能是公司不适合他,也有可能本人虽从未提及,但其实暗地里一直饱受职权骚扰。"你真是无能"这种话就如同往伤口上撒盐。

顺带一提,"一旦说出口就完了"的事情,包括否定对方的人格和能力,还包括关于自卑感、烦恼、出身和性别之类的话题。

"一旦说出口就完了。"

这些话一旦说出口,一切就都结束了,我说这些话绝不是在危言耸听。不管是工作还是私人场合,这些都是日常生活中随时可能发生的事情。

传达愤怒的小技巧

千万不要说一些可能会导致和对方决裂的话。

我本人传达愤怒情绪的失败事例

本章的最后,我将为大家介绍一下我本人曾经传达愤怒情绪失败的事例。希望各位读者可以将其当作"反面教材"或者"前车之鉴",引以为戒。

我曾经在推特上通过发表"日本的搞笑艺人圈看不到未来"的观点,来对日本的搞笑艺人圈表达我的愤怒。

那时候我认为,日本的搞笑艺人说来说去就那么几个人,而且讲的段子都很陈旧无聊。反观英国、美国,搞笑艺人经常会通过讽刺政治和当代社会来引起观众的共鸣,不但段子新颖,而且百看不腻。我认为日本也应该做到这一点,但当今的日本搞笑艺人却完全不往这方面发展,所以我认为他们没有未来可言……

第 4 章　将自己的愤怒情绪巧妙地传达给对方

我把这番看法发表到推特上之后，引来了数十位搞笑艺人的猛烈反击。和我有交情的艺人都变得对我不屑一顾，而且之后愈演愈烈，骂声一片。

最后的结果是，我专门在松本人志先生主持的节目中向大家道歉，而且被松本人志先生调笑"茂木先生还真是没品位呢"。可见我当时发表的一番话引起的反响有多大。

如今想来，**我欠缺的其实并不是对于搞笑的品位，而是传达愤怒的方法**。如果我当时能够用其他的方法来表达我的愤怒，那结果必定会截然不同。

其实，能够在电视节目中出演的搞笑艺人，本身就是搞笑界的超级精英。当今日本的搞笑艺人有几千几万人，其中大部分人都难以凭借这个职业养活自己，只能一边打零工一边勉强度日，而能在电视上活跃的艺人们都是精英中的精英。因此，我那一棍子打死一群人般的批判，对于搞笑艺人来说其实是大不敬。

"日本的搞笑精英们，你们难道仅仅创作一些只有日本人才懂的搞笑段子就满足了吗？我觉得你们一定还能创作出一些让全世界人都爆笑的好作品，我相信你们一定可以。"

现在想想，我应该用上面这种表达方式，或者通过开玩笑的方式也行：

"如今这个时代,搞笑也应该响应国际化标准了。只有日本人才懂的搞笑段子已经不吃香了。我期待你们创作出一些能让全世界人都爆笑的作品哦。"

言语之中多少带了一些挖苦和讽刺,但如果用这种方式表达,那么搞笑艺人们的反应定然也会随之发生改变。说不定其中有些人也会觉得"应该探索一些崭新的领域"。

总之,当时我对日本搞笑艺人们传达愤怒的方法可以说是失败至极。如果要问我从中吸取了什么教训,那大概是"应当根据对方的情况,使用适当的方式表达愤怒情绪"和"激怒对方对自己完全没有好处"吧。

而我也因为这件事才开始认真研究传达愤怒情绪的方法,并最终能够有机会把这个失败的经验编入本书当中。从这个角度来说,我应该要感谢那些在推特上对我穷追猛打的搞笑艺人们。

我在此再次表示感谢,谢谢你们!

传达愤怒的小技巧

根据对方的情况,选择适当的方法。

第 ④ 章　将自己的愤怒情绪巧妙地传达给对方

本章小结

- 巧妙地向对方传达自己正在生气这件事，也是很有必要的。
- 向对方传达自身愤怒的 6 个小技巧。

  ❶ 开个玩笑转移矛盾

  ❷ 适当表现沮丧情绪

  ❸ 一言不发淡定离场

  ❹ 寻求第三方的帮助

  ❺ 列举他人的失败事例

  ❻ 表达自身敬佩之情

- 传达愤怒情绪时，绝对不能说出口的事情，包括否定对方的人格和能力，以及关于自卑感、烦恼、出身和性别之类的话题。
- 传达愤怒情绪还需要有点品位。

第 5 章

从今天开始养成不再生气的好习惯

第 5 章　从今天开始养成不再生气的好习惯

养成不再生气的好习惯

　　想变成一个不易生气的人，其实并不需要什么艰苦的修行。凡事切忌一味忍耐，因为忍耐不能平息怒火，只会让怒火逐渐堆积。

　　说到变成一个不易生气的人的方法……

　　那就是将自己的大脑转变成"沉着冷静的大脑"，这应该是最快的方法了。

　　只需要在日常生活中做一些自己能力范围之内的事，就可以让大脑转变成"沉着冷静的大脑"。听起来好像有点玄乎，但其实都是一些触手可及的小事。

　　不需要做什么脑力锻炼，真的都是一些可以轻松办到的事情。

　　如果非要说条件的话只有一个，那就是坚持不懈。通过坚持来

151

养成良好的"习惯"。

习惯，就是不需要时刻用脑子去想接下来要做什么，身体自然而然就会去做的一种行为。**因为在无意识的情况下就能完成，所以才能坚持下去。**

大家只要能够养成这几个小习惯，就一定可以让自己拥有一个"沉着冷静的大脑"。本章接下来就将为大家介绍这些习惯。

一提到习惯这件事，许多人的脑海里可能想到的是"必须每天坚持做"的事，但事实往往并非如此，有些习惯会因人而异。

本章一共为大家准备了 10 个习惯事项，大家可以根据自身需求，选择适合自己的习惯去培养。这 10 个习惯都是一些难度较低，轻易就能办到的事情。

而且，也没有规定只能养成 1 个习惯，如果能够 2~3 个习惯一起掌握，效果会更好。

至于具体选择哪些习惯比较好，选择权交给你自己。

实践这些习惯后，具体多久可以拥有"沉着冷静的大脑"，也因人而异。但毫无疑问的是，在这个过程中，你变得烦躁不安或者暴躁难耐的频率将会越来越低。

如果你能够切身感受到这一点，那就说明你的大脑正在发生转变。 此时只需要继续坚持下去，总有一天你会收获一个"沉着冷

第 5 章　从今天开始养成不再生气的好习惯

静的大脑"。

接下来,我将为大家详细介绍每一个习惯的具体内容。希望大家可以愉快地实践这些方法。

将大脑变得沉着冷静的小技巧

选择适合自己的方法并坚持下去吧。

不生气的好习惯❶　寻找闪光点

在前面的章节中已经反复向大家介绍过，当人处于烦躁不安或者暴躁难耐的状态时，说明人的大脑正在被愤怒情绪侵占。这种状态如果持续下去，会导致人的大脑停止思考。并且人们会变得难以忍受或者想强行排除让自己发怒的根源。

人们除此之外不会再选择其他的行为——从某种意义上来说，人的视野会变得十分狭隘。

人的大脑其实拥有将近无穷多个神经回路，两个毫不相干的神经细胞一旦相连，就能产生许许多多奇思妙想，碰撞出灵感的火花。因此，即使遇上解不开的难题，只要大脑能够正常运行，那就有可能找到解决办法，让一切问题迎刃而解。

第 5 章　从今天开始养成不再生气的好习惯

然而，如果大脑被愤怒情绪所侵占，那就等于完全切断了创造新回路的可能性。只有感到难以忍受或者想要强行排除愤怒来源的大脑回路在正常运行，因此往往容易让事态升级，最终导致一些无法挽回的结果。这样的行为没有任何好处，简而言之就是在浪费生命。

想要保持大脑回路畅通，就必须让大脑处于"不受束缚"的状态。一旦有了束缚，就容易让大脑的大部分回路堵塞，只运行一些特定的回路，这也就是之前提到的大脑被侵占的状态。

让自己的大脑摆脱束缚的一个好习惯，就是努力去寻找对方的闪光点。不管是什么样的人或者物，总会有自己的闪光点。希望大家今后可以有意识地去寻找这些闪光点。

举个例子，假设在餐馆吃饭时，服务员把你点的菜给忘了。此时如果你感到火大，甩出一句"太不像话了"，就证明你已经完全因为对方的行为而被愤怒情绪所影响，或者说你只是看到了对方身上片面的部分。

毕竟那位服务员肯定不可能常年故意犯错惹客人生气。这次的失误可能是因为他今天身体不太舒服，或者心里有事无法专心工作。

虽说你作为客人去餐馆吃饭，服务员的这些事情都与你无关，

脑科学教你合理制怒

而且他忘了你点的菜这件事情也是事实，但就算你再怎么发火，你点的菜也不会立马就被做好端上来。如果你是为了教育这位服务员，让他以后不要再犯同样的错误，那你作为客人所做出的这种行为已经是一种越权行为了。如果发火过度，那就属于是在欺负人了。

这种时候，如果能够把目光集中在服务员身上的闪光点上，那么烦躁不安的情绪自然会一扫而空。比如，这位服务员每次都能用洪亮的声音喊出"欢迎光临""让您久等了"这类的话语；他上菜的动作流畅又利索；当想要追加点单时，他能立刻领会客人的意图；点单时他还会倾听你的喜好，并给你推荐不同的菜品……

如果你被愤怒所控制，那么服务员身上的这些闪光点都会被你忽视。你只会一味地觉得这位服务员"极其失礼"，最终还有可能失去一次品尝推荐菜品的机会，这才是因小失大呢。

如果能够将注意力放在对方的闪光点上，那么即使对方偶尔有一些出格的举动让你不适，你也能欣然接受——"原来他也有这样粗心的一面啊"。**毕竟人无完人，谁都有犯错的时候**。但不管是谁，**肯定都有自己闪光的一面**。只要能够把目光放在这些闪光点上，就不会总是只觉得对方"真是粗心大意"了。

如果能够在平时就养成这样的好习惯，那么大脑中"寻找闪光点"的回路也会在不经意间变得发达，神经细胞也会变得更活跃，你的大脑也就更加难以被愤怒情绪所侵占了。

不过，在这里我要强调的一点是，寻找对方的闪光点并不是说要对对方犯的错误睁一只眼闭一只眼，说到底，寻找闪光点只是为了让你自己的大脑不被愤怒情绪所束缚而已。

● 将大脑变得沉着冷静的小技巧 ●

寻找周围人的闪光点吧。

不生气的好习惯❷　学会发呆

提起不易发怒的人，大多数人会觉得他们"是个豁达的人""是个从容不迫的人"等。当然，这些类型的人也确实往往沉着冷静、不易发怒。但从脑科学的理论来说，还能再追加一些其他类型的人。

那就是"发呆的人"。有些人可能会问："是迟钝的人吗？""是什么都不想的人吗？""是游手好闲的人吗？"其实都不是。

人的大脑中有一个部分叫作"默认模式网络"（default mode network），它的主要功能是随机连接一些大脑回路。

比如说，当你在思考工作计划遇到瓶颈时，决定"先暂时休息一下"，然后站在窗边远眺窗外的景色。就在此时，"就是这个"的念头突然闪过你的脑海，然后灵感便如潮水般涌出，这就是默认模式网络的功劳。

默认模式网络只有在我们无所事事、发呆的时候才会起作用。当你搔首踟蹰，反复想着"难道没有更好的想法了吗"的时候，它是不会运作的。

当你在认真思考的时候，大脑只有"想问题"这一特定的回路在运行。当遭遇瓶颈时，通往"好想法"的回路被堵上了，所以你才一直想不出好的想法。换一种说法就是，你的大脑中本来有一个很好的想法，但是因为通往那个想法的回路交通堵塞了，所以这个想法才会一直想出不来。

当你暂作休息时，那条努力想问题的回路也就暂停工作了。于是大脑其他部位开始运行，默认模式网络闪亮登场。

将堵塞的想问题回路暂放一边，大脑开始连接一些其他你从未使用过的新回路。通过这些五花八门的回路，你最终想出了那个完美的答案——这就是灵光一闪的瞬间。

刚才已经提到了，大脑的默认模式网络只有在人无所事事的时候才会运行。当你有意识地做一件事时，它是不会运行的。明明拥有这么强大的连接功能，平时却总轮不到它出场，实在是一种浪费。如果想让它运行，就只能让自己放空、发呆。

运行默认模式网络的方法就是让自己发一下呆，这种方法是最有效的。如果能够日复一日地坚持下去，大脑就会变得难以被愤怒情绪侵占。

当你变得烦躁不安或者暴躁难耐时，大脑中认为对方"不可饶恕""太过分了"的回路会被放大，并且会陷入只运行这些回路的状态。大脑中本身有着无数条回路，却因为这些回路的妨碍，致使其他的回路无法正常运行。

而如果能够在平时就开始锻炼运行默认模式网络，那么即使你的怒火即将爆发，也可以通过努力运行其他回路来避免大脑无法思考。可以通过让自己"先深呼吸一下"或者"先冷静一下"来连接其他的大脑回路。

即使你变得烦躁不安或者暴躁难耐时，你的选择也不该只有"发怒"这一种，而应该是无限的。因此，就像你遇到瓶颈时一样，只要能够让默认模式网络发挥作用，你最终就一定会找到一种最适合自己的对应方式。

然而，想要在烦躁不安时立刻运行默认模式网络是一件难度很大的事情。因此需要大家在日常生活中就养成这样的习惯，这样才能在遇到问题的时候自如地运用。

为了能应对一些紧急的情况，你可以在平时就开始训练发呆，训练默认模式网络的运行，这可以说是一种"有备无患"。一天之中只要用 5 分钟或者 10 分钟来发呆就好了。

发呆在外人看来就是"什么也不做",所以可能有些人会对这种方法心存抵触。然而,只有用这种方法才能让默认模式网络发挥作用。

话虽如此,但如果在公司或者学校练习发呆,会很容易被别人误认为是在偷懒。不知情的人甚至会训斥你:"好好干活!""干什么呢?好好读书!"有这方面顾虑的人,不妨试着在公园、咖啡馆或者自家书房等场所练习吧。

● **将大脑变得沉着冷静的小技巧** ●

一天用 5 分钟来发呆吧。

不生气的好习惯❸　学会闲聊

　　大家在动物园看猴子时，应该看到过猴子互相理毛吧。有的时候是同时进行，有的时候是先后进行，不管是哪种方法，都是一种相互的行为。动物的这种抓虱子、虫子的行为被称为"**梳理毛发**"。

　　这种梳理毛发的行为，可以促进被称为"爱情激素"的催产素的分泌。然而，猴子本身却并不是为了"分泌催产素"才进行这种行为的。

　　刚才也说了，这种行为的目的之一是抓虱子和虫子，因此可以说是一种生存必需的行为。同时，随着催产素的分泌，猴子之间的感情也会逐渐升温，所以也不能说"完全没有"积极的部分。因为猴子在这种行为中感受到了"愉快"，所以这种行为才会持续地进行。

人类如果做梳理毛发的行为,也会促进催产素的分泌。然而,如今已经没有人身上满是虱子和虫子需要通过这种方式去清理,更何况人类已经可以通过其他的行为来促进催产素分泌了。

这种行为就是"闲聊"。**闲聊就是人类的梳理毛发行为。**

人类通过闲聊来和对方一起笑、一起哭,与对方产生共鸣,由此促进催产素的分泌。一说起闲聊,可能有人会认为这是闲着没事做的人为了打发时间才做的事情。有这种想法实在是很可惜。

闲聊行为既无目的也无规可循……如果非要说成是无计划无规则,我也无从反驳。但反过来说,"正因如此才好"。

人一旦有了目的,那不管做什么都会尽量往这个目的上面靠拢。如果觉得没希望达成这个目的,或者没有遵守规则,那人就会变得烦躁不安。

但如果一个行为没有目的,那么也就没有强行靠拢的必要了。而且因为没有规则,所以既可以就一个话题一直聊,也可以突然转变话题聊其他的东西,一切都随性而起。

人在闲聊时,大脑会变得十分活跃。要思考说什么话,要观察对方的反应,还要倾听对方的话并根据对方的话思考接下来自己要说什么。说话时如果突然想到了什么,也可以跟随这个想法随意转变话题。**即使是很简短的闲聊，也能促进大脑各个区域运行，连接各个部分的脑回路**。闲聊只是一件小事，却能让大脑变得更活跃。

如果能够养成习惯，在平时就灵活使用大脑的各个回路，那即使是自己变得烦躁不安时，愤怒的脑回路也难以被激活，大脑也就不会被愤怒情绪侵占了。

闲聊是一种能用到多个脑回路的行为，也是一种能促使大脑变得更加活跃的手段。说不定猴子们在相互梳理毛发的时候也在闲聊呢。

知道这种方法对改变大脑有效果以后，相信许多人对闲聊的看法发生了改变。闲聊，既是小事，也是大事。一天之中只需要拿出短短几分钟的时间就好，设定一个"闲聊时间"，去和更多的人产生共鸣吧。

顺便提一下，关于闲聊的一些具体方法，感兴趣的读者可以参照我的另一本书《最强闲聊术》(小社刊)。

将大脑变得沉着冷静的小技巧

每天设定一个"闲聊时间"吧。

第 5 章　从今天开始养成不再生气的好习惯

不生气的好习惯❹　挑战新鲜事物

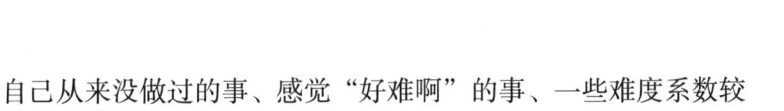

自己从来没做过的事、感觉"好难啊"的事、一些难度系数较高的事,或者曾经做过一次却因为怕麻烦而中途放弃了的事……

通过挑战这些事情,可以让自己的大脑变得"沉着冷静"。你自己也会变成一个不轻易发怒的人。

挑战新鲜事物时,一开始往往失败居多,因此容易让人变得烦躁不安。好不容易到了"快要成功"的阶段,结果因为自己的一个小失误导致满盘皆输,自然会让人怒不可遏……

的确,当你做得不好时,自然会有这种担心。可如果仅仅是为了让自己变得烦躁不安,那做这件事就完全没有意义。我之所以向大家推荐这个方法,是因为它能带来的正面效果会超过这些负面效果。

当你能做到你以前做不到的事情时，你的大脑就会分泌多巴胺——这是一种被称为"干劲源泉"的物质。**大脑分泌出大量的多巴胺后，人就会产生"接着挑战难度更高的事情吧"的想法，变得干劲十足**。接着就会去挑战一些以前从来没做过的事，果断地完成一些高难度的动作，最终让自己获得提升和成长。

好处还不仅如此。挑战新鲜事物还能拓展自己的视野，强化大脑回路。

接下来我以自己的亲身经历举例说明一下。

我曾参与出演 2014 年上半年度 NHK 的晨间剧《花子与安妮》。需要说明的是，这个机会并不是我主动向导演要来的。只不过因为我本身十分喜欢《绿山墙的安妮》[1]这本书，这本书的日文版是村冈花子老师翻译的，而《花子与安妮》又是以村冈老师为原型创作的一部电视剧。因此，我爽快地答应了出演这部电视剧。

我本人是一名脑科学家，从未有过任何演戏的经验。这部电视剧播出以后，我看到了不少"这就是在照着剧本念台词"这样的评价。

我作为一名脑科学家，也涉足了小说的领域。2018 年，我曾出

---

[1] 《绿山墙的安妮》（Anne of Green Gables），加拿大女作家露西·莫德·蒙哥马利创作的长篇小说，创作于 1904 年。——译者注

第 5 章　从今天开始养成不再生气的好习惯

版过一本名为《画中有画》[1] 的小说。

关于演戏这件事，我完全是个门外汉。写小说，相较于那些潜心写作几十年的作家，我也差了不止十万八千里。

可即便如此，挑战新鲜事物是为了让自己去了解那些自己未曾涉猎过的事情。不管是演戏还是写小说，的确有许多事情如果不去尝试就永远都无法知晓。

"原来专业的演员是这样记台词的啊。"

"演员演戏的时候原来可以如此专注啊。"

"原来作家是这样思考作品情节的啊。"

"对人物的描写原来可以这么有深度啊。"

……

只有当我自己真正开始尝试以后，我才能感受到那些在各个领域努力的人到底吃过多少苦。如果我不踏出这一步，那我永远也没有机会知道这些事。

只有挑战了新鲜事物，才能认识到原来的自己有多么青涩，对于事情的看法有多么片面。**只有深刻认识到自己的不足，胸襟才会变得更加广阔。**

---

[1] 小说原名为ペンチメント，由讲谈社出版。——译者注

当餐馆的服务员上错菜时，如果能够想着"这些工作人员也很辛苦啊"，自然就不会产生那么多怒火了。此时，如果能够从容地告诉服务员"我没点过这个菜，但是它看起来还挺好吃的，上都上来了，那我这次就吃吃看吧"，那就证明你已经拥有一个"沉着冷静的大脑"了。

这其实也是一种挑战：如果这道菜确实很好吃，那大脑肯定会分泌更多的多巴胺吧！

人生在世，无论谁都会碰到许多以往从未尝试过的事。如果能够一件件地挑战，那么大脑将会持续不断地创造新的回路——挑战新鲜事物这件事本身就可以让自己的大脑变得更加活跃。

将大脑变得沉着冷静的小技巧

勇敢地挑战新鲜事物吧！

不生气的好习惯❺　不求人办事

在日常生活中,大家或多或少会找他人帮忙办事。的确,一个人的精力有限,找人帮忙无可厚非。

自己擅长的事情自己做,自己不擅长的事情拜托他人做;反之,他人不擅长的事情自己主动帮忙做,这样他人也会积极地帮你做一些他更擅长的事情。

这样礼尚往来的场景每天都在上演。"有给予也有付出",没有任何一方感到占了便宜或者吃了亏,这样就能得到一个双赢的结果。

然而,站在"不生气"的角度上来看,求人办事这种行为不仅算不上是好事,甚至往往会成为对方发火的诱因。

自己能做的事情尽量自己做;麻烦的事、自己做不到的事情应该勇于去尝试才对。

这一点与上一小节的"挑战新鲜事物"其实是相通的。**我本人就十分推崇这种自立的生活方式，同时我也认为这是让自己成为一个不易生气的人的最好方法。**

比如说，我现在想要向某个人推销一款产品或一套房产，当我和对方完全没有交集时，我可能会寻找我们之间共同的朋友，然后让那位朋友把我介绍给他。这种场景十分常见，因为这种方法往往能够获得成功。

如果通过朋友的介绍，最终做成了这单生意，那大部分功劳是这位朋友的。下次朋友遇到类似的情况时，我也会主动向他介绍可能会给他带来帮助的人脉。这也就是所谓的有给予也有付出。

上面说的是当事情进展顺利的情况。有时候，即使有朋友介绍，对方也可能会说"我不想接受推销"，然后一口回绝；还有的时候，好不容易获得了朋友的介绍，却因为自己表现得不好，不仅没有推销出去商品，甚至还让朋友丢了面子。

前者的情况，求人办事的人很有可能会对这位朋友失望，心想："什么嘛，完全没起到作用嘛！"后者的情况，朋友甚至可能会大发雷霆："你看看你都做了些什么好事！"

不管是哪种情况，结果都不尽如人意，都容易让人怒火横生，最后无法收场。

这是因为人们在求人办事时，必然会对对方有所期待。此时心里往往想的是"应该没问题""他肯定会帮我的吧"，而鲜有人会去想一些不好的结果。然而，大家经常会忘记，帮不帮你办事，最终的决定权在你求的人手上。**这个人如何做决定，在你的掌控范围之外。**

对方有可能会如你所愿，也有可能会与你的想法背道而驰。这本来就是一件非常正常的事情，但就因为你在拜托人的时候，自己一厢情愿地认为"事情会顺利进行"，在得不到想要的结果时，就变得愤怒，抱怨着"你为什么不肯帮我"……这种行为除了自私，我想不出其他的言语来形容。

就算朋友答应帮忙，如果最终得到的结果并不完美，还是有人会觉得不满，认为朋友"也就这点能力嘛"。反之，如果得到的结果超乎自己的预测，此时有人又会感觉"这下欠朋友一个天大的人情了"而开始不安。

不管最后得到哪一种结果，人们在求人办事时那种一厢情愿的期待感，都会变成愤怒情绪的源头。尽管如此，许多人对于自己所造成的愤怒根源却表现得满不在乎。

我写这些内容，并不是为了全盘否定"给予和付出"这件事本身。我想说的是，当你在求人办事的时候，下意识地就会对对方产生期待，这种期待"还是不要有为好"。

当自己无论如何都办不到一件事的时候，拜托他人是一种明智的选择。但是，你应该把这种方法当成自己的最终手段才对。 什么事都应该自己先努力尝试，实在办不到的时候再求人。

当你在尝试办这件事的时候，大脑就已经开始创造各种新的回路，开始变得活跃了。无论什么事，先尝试着自己做，这对自己和自己的大脑都有好处。

将大脑变得沉着冷静的小技巧

即使是无法办到的事情，也应该尽自己最大的努力去尝试。

不生气的好习惯❻　工作时不妨同时做些其他的事

有的人喜欢把电脑带到咖啡馆或者家庭餐馆，在那种嘈杂的地方工作。最近这种"咖啡馆工作族"随处可见，我也是其中的一员。

人的大脑，在听到其他人的说话声或者音乐声时也可以集中精神。这时，人们甚至比戴上耳塞、完全听不到声音时的工作效率更高。

一般来说，当人所处的环境音量在 70 分贝左右时，只要加上适当的锻炼前额叶的方法，人的精神就能高度集中。咖啡馆或者家庭餐馆内的环境音量刚好在 60~70 分贝。

当然，这里说的是适当的嘈杂，远没有达到那种车水马龙或者建筑工地的程度，因此也不会影响人集中精神。所以，在咖啡馆或者家庭餐馆工作或学习时，如果你觉得"注意力无法集中"，那也许与环境无关，而是因为一些其他的烦恼或迷惘在影响你。

虽说在那种环境下精神会变得集中，但也并非完全听不到周围人说的话或者店内的背景音乐。大脑可以辨识人耳听到的所有声音，只不过会自动避免被其影响。

不过，即便是处于精神集中的状态中，当有人叫自己的名字时，人们还是能听到。如果碰巧听到了与上司或者客户相似的声音，你也可能会条件反射般地答应。

即使处于精神集中的状态，大脑也会对周围发生的事情立刻做出反应。 因为即使正在集中精神工作或者学习，大脑中其他的回路，如听声音的回路也并不会被关闭。因此，大脑才会立刻做出反应。

"一边工作一边做些其他的事"，乍一听好像不是什么好习惯，但这种方法可以让你的大脑同时运行多条回路，所以对脑部有益无害，可以让大脑变得更加活跃。

即使是在精神高度集中时，人也不会被一件事困住。**当我们在处理眼前事情的同时，把注意力放在其他事情上，就能运行大脑**

中各种各样的回路，让大脑达到充分运转的状态。如此一来，就能逐渐挖掘出大脑的潜力。

像这样一边工作一边做些其他的事，可以对大脑进行多方面的训练，避免大脑长期固定地运行一些特定的回路。因此，即使你的心情变得烦躁不安，大脑也难以被愤怒情绪侵占。

如果能在平时就加强这方面的训练，那么即使产生了烦躁的情绪，也不会被这些情绪所束缚，而是会把这些情绪当作噪声一般轻描淡写地处理掉，大脑自然不会给愤怒留一席之地。

一边听音乐一边工作（我本人也经常一边听莫扎特的曲子一边写作）；一边和朋友聊天一边学习……

上面都是我本人十分推荐的方法。这样做不仅能够让大脑变得更加活跃，还能让自己变得越发"沉着冷静"。如果大家觉得这种方法适合自己，那不妨一试。

将大脑变得沉着冷静的小技巧

试着挑战一心两用吧。

不生气的好习惯❼　使用优雅的话语

你说一句我回两嘴，这样一来一去，对话会变得越来越激烈，最终往往会以吵架收场。正在阅读本书的你或许也有过这种经历吧。

你想要向对方传递某种信息的时候，使用的话语不同，对方的态度和反应也会大有不同。在向对方道谢时也是一样：向对方深鞠一躬后，怀着真诚的情感说出来的"非常感谢您"，与随口说的一句"多谢了"所产生的效果完全不同，对方的态度有时也会因此发生180°的转变。

对于前者，对方可能会深感惶恐，连忙回道："哪里哪里，没帮上什么忙。"对方也会对你有个好印象，双方的关系可能会因此更进一步。

第 5 章　从今天开始养成不再生气的好习惯

而对于后者，对方有很大的可能会暴怒道："你这是什么态度！"轻则开始说教"你可真没教养"，重则直接将你拒之门外，大喊着："你以后再也别过来了！"

一个人使用的话语代表了这个人的身份。所使用的话语会深刻地表现出一个人的思想、行动和价值观。

而且，当我们在和他人对话时，并非每时每刻都会仔细斟酌接下来应该怎样说话，许多话是伴随自己当时的心情脱口而出的。

无意识间说出来的才叫作话语。这就说明，当大脑被愤怒情绪侵占，或者前额叶处于失控状态时，人说出来的话往往会是平时经常使用的话语。

一个人如果平时经常用"喂""你""混蛋""什么玩意儿"这样粗暴的话语，或者经常像"这个帮我做了""动作快点"这样命令别人，那当他变得烦躁不安想要发火时，这些话语定然会连绵不绝地出现。如果在车站被人撞到，他们脱口而出的话也往往会是："喂，你赶紧给我道歉！"

听到这样的话语，即使是性格温和的人内心也会升起怒火。如果对方这时再加上两句火上浇油的话，那一场大战就不可避免了。

粗暴的话语会反映出一个人的思想、行动和价值观。如果平时经常用这些话，那不管再怎么掩饰也还是会在无意识间原形毕露。

177

反之，优雅的话语也能反映一个人的思想、行动和价值观。 优雅的话语指的是能让大脑感觉到"愉快"的话语。如果平时我们就使用一些能让自己和对方感到愉快的话语，那即使是吵架的时候，从自己口中蹦出来的也会是那些高雅的话语。

一般来说，人类是通过对话来交流的，使用能让大脑感觉"愉快"的话语可以让对方感到开心。

此时，在镜像神经元系统的作用下，双方都会感到"愉快"，那你们之间也一定可以进行一次开心的对话。这样，愤怒情绪自然无从入侵，只能消失得无影无踪。

反之，如果使用一些会让大脑感觉"不愉快"的粗暴话语，那结果就会完全不一样。首先对方会感到不快，然后在镜像神经元系统的作用下，你自己也会逐渐变得烦躁不安。随之人体就会加速分泌具有攻击性的去甲肾上腺素，受其影响，人会变得更加具有攻击性和破坏性。总而言之，粗暴的话语容易引起愤怒情绪。

其中的利害关系一目了然。想让自己拥有一个"沉着冷静的大脑"，可以从平时多使用优雅的话语开始做起。长此以往，不管碰到什么情况，你都不会在无意识间言语粗鲁，让事情变得一团糟了。

● 将大脑变得沉着冷静的小技巧 ●

不管什么时候,都应该使用让自己和对方都感到愉快的话语。

不生气的好习惯❽ 早起

无论前一天我工作到多晚,或者即使是喝醉酒了,第二天我都会雷打不动地早上6点起床。之所以早起,是因为我有自己的事情要做。

首要的事项毫无疑问是工作。除工作之外还有一件事,就是我每天都要晨跑。

在过去的10年里,我每天早上都一定会晨跑10公里。不管是在家、出门旅行还是出差工作,从无例外。甚至可以说,我是为了晨跑才每天早起的。

常年的晨跑给我带来了不少益处,首先是让我的体力有所增强。我的工作性质需要我经常去海外出差,因此能承受艰苦工作的

第 5 章　从今天开始养成不再生气的好习惯

体力是不可或缺的。对我来说，晨跑就是加强体力的最好方法。

其次就是让我拥有了一个沉着冷静的大脑。早上早起后沐浴着阳光晨跑是一件十分舒适的事，其中也少不了血清素带来的影响。

血清素也被人们称为"幸福激素"，人体通常会在被阳光照射时分泌这种物质。早上一边沐浴阳光一边晨跑可以让身体分泌出大量的血清素。

当身体产生了大量的血清素之后，就容易和他人产生共鸣，愤怒情绪出场的机会自然会变少。因此，要想获得一个沉着冷静的大脑，时不时来一场日光浴是一个很好的选择。虽说我并不是因为血清素才开始晨跑的，但是这确实是我变得不再易怒的一个原因。

大家平时早起以后，并不一定非要像我一样每天晨跑，简单地散个步也是可以的。如果能够一边沐浴阳光一边发个 5 分钟的呆，那就再好不过了。

想要让自己变得不再易怒，早起是一个很好的选择。至于起床的时间，则可以根据自身情况决定。

如果你原来是个"夜猫子"，那突然让你早上五六点起床肯定是不现实的。这种类型的人**如果想要养成早起的习惯，不妨先试试将现在的起床时间提前 30 分钟至 1 小时。**

你可以事先决定第二天早起之后要做些什么事，也可以什么都不做，就静静地发会儿呆。慢慢地，当感觉身体已经适应了当前的起床时间后，就可以再把起床时间提前 30 分钟至 1 小时。

俗话说得好，"早起的鸟儿有虫吃"。从明天起，每天早起一点点，告别慵懒的被窝吧！

将大脑变得沉着冷静的小技巧

比现在早 30 分钟至 1 小时起床吧。

不生气的好习惯❾　客气寒暄

"跟别人客气寒暄可真累。"

偶尔会听到有人说上面这样的话。可见,客气寒暄绝非一件易事,但反过来想,也可能是因为这个人没有养成这种习惯(如果是因为不适应,那么为了让大脑保持活跃,也应该主动尝试)。

随意交谈,可以让人感到放松和愉悦。如果周围有这样的朋友,那自然是一件幸事。

然而,如果让大脑一直处于放松和愉悦的状态,有时也会对大脑的发展造成阻碍。而且,如果真的碰上一些必须注意言辞的场合,你就会变得十分紧张,万一"怠慢"了客人,免不了遭受一顿怒火攻击。

脑科学教你合理制怒

在社会上摸爬滚打的人，不管自己愿意与否，都难免会碰到必须客气寒暄的场合。这也是想让大脑变得"沉着冷静"就必须学会的事情。

所谓客气寒暄，主要是要为对方着想。**为了让对方感到开心和满足，我们要在明里暗里做出一些相应的行动。**

用脑科学的话来说就是：让对方的大脑感到"愉快"。这样一说，是不是感觉越发艰难了？

不过，这样做对自己也有好处。当对方的大脑感到"愉快"以后，受镜像神经元系统的影响，我们的大脑也会变得"愉快"。

也就是说，客气寒暄并不仅是为了他人，最终也会让自己的大脑感到"愉快"，所以大家不妨积极尝试一下。

那些感觉客气寒暄让自己很累的人里，或多或少有一些人是在讨对方的欢心。这种方式诚然会让对方的大脑感到"愉快"，却会让自己的大脑感到"不愉快"。

讨人欢心和客气寒暄完全是两码事，希望大家千万不要将其混为一谈。

让对方大脑感觉"愉快"的客气寒暄，需要随时观察对方、提前预测对方的行动，十分锻炼大脑的各个回路。

"对方看上去好像还想喝茶，我要赶紧再给他倒一杯。"

第 5 章　从今天开始养成不再生气的好习惯

"空调会不会太冷了？"

"对方看上去好像还有其他事，时间差不多了我就把话题结束了吧。"

通过观察对方举手投足的小细节，从而决定自己接下来应该做什么事。大脑会因此处于全速运转的状态，不会深陷于某一件事当中，自然也就能够避免让自己陷入烦躁不安的情绪中。

只要观察对方的反应，就能大概知道自己的行动到底有没有让对方的大脑感到"愉快"。如果答案是肯定的，那么你自己肯定也会觉得很开心。

此时，你的大脑会开始分泌多巴胺，会让你越发想要继续自己的行为，从而让对方感觉舒适。

如果将这种行为养成了习惯，那么和人客气寒暄也会变得轻松。因为让他人感到"愉快"就是让自己感到"愉快"。从这种角度来说，客气寒暄是一种皆大欢喜的好习惯。

将大脑变得沉着冷静的小技巧

让眼前的人开心起来吧！

不生气的好习惯❿　祝福成功之人

当自己的同事负责的项目顺风顺水，你的项目却屡屡碰壁时；当自己的同学考上你们共同心仪的大学，你却黯然落榜只能调剂去第二志愿时……

自己和朋友之间落差甚大的情况并不少见。虽说"起起伏伏才是人生"，但这种事情真落到自己头上，只有自己失败得一塌糊涂时，我们受到的打击还是很大的。

人们碰上这种情况时，一般会有以下两种态度和反应。一种是对同事和朋友产生强烈的嫉妒心，面露不甘道："给我等着瞧吧！""我下次一定要翻身！"还有一种是忘掉自己的失败，真诚地向同事和朋友祝福道："太好了，我真心祝福你。"当碰上这种情况时，你会怎么选呢？

想必大多数人会选择前者吧。毕竟自己是失败的一方，要说没觉得"不甘心"是不可能的。说自己"一点儿也不羡慕"同事和同学，那肯定是在说谎。

事实的确如此，但选择这种方式对大脑来说绝无半点益处。因为，**说出"给我等着瞧吧"这种话时，其实是在对自己生气。**

不甘心其实就是朝自己发怒。如果放任这种情绪，那用不了多久，大脑就会被愤怒情绪侵占。接着就很有可能产生这样的想法："为什么只有我一个人总是失败？""绝对是哪里出了问题！"从而把失败的原因归结到其他人或物身上，向他（它）们撒气。

因此，碰上这种情况时，毫无疑问应该选择后者。衷心祝福那些成功的同事和同学，可以让自己的大脑感受到"愉快"。接下来，我会举运动员的事例具体说明。

在奥林匹克运动会或者一些国际大型运动赛事的转播镜头中，经常会有其他选手对冠军说"恭喜你"，或者相互拥抱的镜头。这些并非形式上的社交礼仪，而是大家在由衷地祝福冠军，是大家在向冠军表达内心的敬意。

获胜的选手自然是欣喜若狂。但这种时候也绝不会有哪位选手会内心阴暗地想着"瞧那家伙得意的样子"。虽说内心多少会觉得不甘心，但是祝福冠军会让自己也感到愉快。

由于大脑的镜像神经元系统会起作用，**祝福获胜的选手并为对方感到高兴，可以让自己的大脑也获得"愉快"的感觉。因此，祝福冠军可以让自己在下次比赛中取得更好的成绩。**

反之，如果因为输了比赛就悔恨内疚并对自己生气，让自己的大脑处于"不快"的状态，那必然会影响自己今后的表现。这些世界顶尖的运动员们十分清楚这件事。

仔细看那些转播就会发现，并非只有失败方向获胜方送出祝福的镜头，获胜方也会说"你也表现得很棒""你也很厉害啊""我们一起加油"之类的话去安慰失败方。

即使是比赛结束后那样匆促的时间里，运动员们也会互相向对方表达自己的敬意，做一些简单的小互动，这种行为能让他们的身体分泌更多的催产素。下了赛场以后，无论获胜方还是失败方，大家的大脑都会感到"愉快"，这才是真正意义上的"友谊第一，比赛第二"。

像"给我等着瞧吧"这种不甘心的心情，乍一看好像会让自己干劲十足，但其实这只是一种错觉。

这种行为实际上是自己在对自己生气，此时身体会分泌大量的去甲肾上腺素，使自己变得更加具有攻击性和侵略性，十分容易导致他人受伤，这种状态也不能持续很久。

这种心情与那种想努力让自己接下来的项目获得成功，或者虽然身在第二志愿的大学但也要好好学习的"干劲"有本质上的区别，因此也不能对自己产生任何激励的效果，甚至可以说是有害无益。

事实上，同事和同学为了成功也付出了相应的努力和汗水。因此，我们应该由衷地祝福他们，而不是嫉妒怨恨，这样可以给大脑带来"愉快"的感觉。 如此一来，身体就会分泌出多巴胺，让自己感觉"自己的项目也一定会成功""在第二志愿的大学也要努力学习"，使自己重新充满斗志。大脑也会由此引导你做出最合适的行为，以获得下一次的成功。

因此，即使自己的现状并不如意，只要能够由衷地祝福那些成功的人，就能够让大脑获得"愉快"的感觉。与其羡慕嫉妒，不如衷心祝福，这样无论是对自己还是对大脑都会有正面的影响，如果你不亲自尝试的话就太遗憾了。

"自己这么不顺，我可没心情祝福别人。"

如果有人还要这么反驳的话，那我建议你不妨想象一下有一对正在办婚礼的情侣。

当你走在街上，刚好碰到了办完婚礼的一对小两口，即使是你不认识的人，我相信你也会毫不犹豫地说"恭喜恭喜，祝你们幸福"吧。对方也会面带微笑，很自然地感谢道："谢谢你。"

此时的你正被幸福感包围着。由于大脑镜像神经元系统的作用，你的大脑也会感觉十分"愉快"。即使只有一个这样短暂的交集，你的身体也可能会分泌出许多催产素。

你所做的事情，仅仅是向两位陌生人说了一句"祝你们幸福"而已。就是这样简短的一句话，让你获得了那对新人"分享的幸福"。

祝福获得成功的人，原理也是如此。从某种意义上来说，你也可以获得对方"分享的成功"。

希望大家今后不管处于什么状态，都能大方地祝福那些获得成功的人。这不仅能让你拥有一个"沉着冷静"的大脑，还能获得对方分享的成功和幸福。

将大脑变得沉着冷静的小技巧

由衷地为那些获得成功的人感到开心吧！

本章小结

- "沉着冷静"的大脑并非一朝一夕就能炼成。
- 所谓习惯，就是能够无意识地行动。
- 将大脑变得"沉着冷静"的 10 个小习惯。

① 寻找闪光点

② 学会发呆

③ 学会闲聊

④ 挑战新鲜事物

⑤ 不求人办事

⑥ 工作时不妨同时做些其他的事

⑦ 使用优雅的话语

⑧ 早起

⑨ 客气寒暄

⑩ 祝福成功之人

第 6 章

20 世纪的愤怒情绪，21 世纪的愤怒情绪

第 6 章　20 世纪的愤怒情绪，21 世纪的愤怒情绪

21 世纪的新型愤怒情绪

本书至此已经和大家一起从多个角度详细地讨论了愤怒情绪。包括怒火即将爆发时的紧急处理方法、如何巧妙地传达自身的愤怒情绪，以及让大脑变得"沉着冷静"的小习惯，这些方法都十分具有实用性，大家不妨一试。

无论是谁，想要培养出一个"沉着冷静"的大脑都绝非一朝一夕的事，在此之前定然会碰到许多困难和挫折。

但只要能够持之以恒，那就肯定会发生改变。希望大家可以坚信这一点，并找到至少一个适合自己的方法坚持下去。

在本书的最后一个章节中，我将和大家聊一聊自己对于愤怒情绪的一些看法。讨论的对象就是本小节的标题——21 世纪的新型愤

怒情绪。

随着全球化、IT化，以及伴随而来的价值观多元化概念的普及，愤怒的种类也开始变得多种多样，20世纪从未见过的一些"新型愤怒情绪"也逐一粉墨登场了。

那么，我们到底应该如何评价，又该如何去应对这些新的愤怒情绪呢……

新型愤怒是21世纪的新生产物，今后可能还会衍生出更多的变化，但绝无可能消失。

如果传统的方法不起作用，那就应该立即掌握一些新的应对方法，以备不时之需。新型愤怒情绪，大致可以分成以下两种：

一种是口是心非式愤怒，另一种是网络愤怒。

这两种都可以说是当代的新生产物。特别是第二种，有许多人可能已经遭受过了这样的网络愤怒。

这些新型愤怒情绪虽然在程度上有轻有重，却是真实存在于我们日常生活当中的，因此不容忽视。这两种愤怒之间存在一个共同的主体，至于这个主体到底是什么，我会在接下来的小节里慢慢为大家介绍。

第 6 章　20 世纪的愤怒情绪，21 世纪的愤怒情绪

● **理解 21 世纪新型愤怒的小技巧** ●

出现了 20 世纪从未有过的愤怒情绪。

老实又温顺的 21 世纪青年

在至今为止的职业生涯里,我曾去过日本全国大大小小的大学、高中和初中举办演讲,经常会和几百个学生聊 1~2 小时的天。大多时候聊的是与大脑相关的话题,有时候也会聊一些例如"人应该怎么生活""应该如何度过自己的学生时代"之类的话题。

不管是在哪所学校,学生们大体都会规矩而热情地听我演讲。我每次都会被学生们洋溢的热情感染,经常不知不觉就超过了原定的演讲时间。

我每次演讲完毕以后都会设置一个答疑的时间,每到这个时候,都会有许多学生举手提问,倾诉自己的烦恼,并向我寻求解决的办法。我作为讲师真是感到无比荣幸。

第 6 章　20 世纪的愤怒情绪，21 世纪的愤怒情绪

通过和这些认真的学生们接触，我发现了一件事，那就是他们都十分老实又温顺。

究其原因，从某种角度上可以说是学校教育的成果。培养出大量的学生去做他们感兴趣的事情绝非坏事，这对他们的将来是有益无害的。

诚然应该向培养出这些学生的学校教育人员表达敬意，然而也有不少不满的声音。**绝大部分的学生都太老实了，就像是一个模子里刻出来的金太郎糖**[1]**。**

"仅仅是将学生们培养成了认真工作、从不抱怨的大人……"

我也有这样的不满。这就好像是在称赞他们成了社会的齿轮，总感觉有点违和。

"这些学生不会用自己的头脑思考，只会做被交代的事情，没有创意也不会创新，长成了无趣的大人。"

我确实有过这样的不满，甚至还有点担心再这样下去日本的未来就完了。

---

[1] 金太郎糖是一种日本传统的糖果，特点是每一个糖果的双面都有相同的图案。最早的金太郎糖的图案只有金太郎，这也是糖果的名称由来。通常用来形容人、组织或想法等大同小异，没什么特点和个性。——译者注

我记不清花了多久才弄明白自己之前这么想完全是在杞人忧天，也记不清我是从什么时候开始产生这些没有必要的担心的。不过，在即将迎来 2020 年之时，我看到了另一番景象。

当代的日本学生，或者说日本青年，乍一看好像既老实又温顺，但这其实是假象。有一种说法是，他们之所表现成这个样子，是为了掩饰自己的雄心壮志或者说是真实意图。

我总感觉，如今大部分年轻人阳奉阴违的性格，是一场安静的"革命"。

理解 21 世纪新型愤怒的小技巧

当代的日本青年正处于怒火之中。

第 6 章　20 世纪的愤怒情绪，21 世纪的愤怒情绪

大人们制定的规则剥夺了日本社会的活力

我一直认为，求职活动和偏差值❶完全没有意义，对于提高日本低下的生产效率没有一分一毫的帮助，因此我也一直对这些概念持批判的态度。其中多少夹杂了一些我的怒火。

可即便如此，我既不是需要参加求职活动的主体，也没有任何权力能够改善现状，因此我能够做的事情十分有限。不过，虽然我说的话可能在一些人耳中仿佛狗吠，但我今后还是会一直坚持批判下去。

---

❶ 偏差值是指相对平均值的偏差数值，是日本人对于学生智能、学力的一项计算值。——译者注

脑科学教你合理制怒

我在演讲时有时会与学生进行互动，我会问学生："你怎么看日本的求职活动和偏差值的制度？"然而遗憾的是，至今为止没有一个人像我一样，能说出类似"这些制度太过分了""真希望这些制度可以消失"这样的话。

基本上所有学生的发言都是千篇一律的"有这种制度也是没办法的事……"，甚至有些"精明"学生的回答居然是："求职专用的西装样式都一样，所以可以一直穿，让我经济上可以比较轻松。"每次听到这样的回答，我也只能无奈地表示："你们不得不参加这样无聊的求职活动还真是辛苦呢。"

就我个人而言，我认为那种强迫学生变得没有个性可言的求职活动、仅靠考试分数来评价学生的偏差值制度应该立刻废除才好。我一直觉得日本的活力正在因这样的制度而泯灭。我相信和我有一样想法的学生也不在少数。

然而，现在的学生正在适应大人们制定的求职活动和偏差值等规则。我也是直到最近才渐渐意识到了这一点。

他们穿上大人们喜欢看的求职西装，努力将自己扮演成"会认真工作、从不抱怨"的学生。如此一来，大人们自然会满心欢喜地

第 6 章　20 世纪的愤怒情绪，21 世纪的愤怒情绪

给出学生们梦寐以求的"内定"[1]。

但学生们的心声却是："我并没有那么喜欢穿求职西装，也不算是个认真的人，但如果装成这样可以拿到内定，那就只好硬着头皮上了……"

没错，他们就是抱着如此轻率的态度。在这些年轻人眼里，求职活动大概跟一场游戏一样吧。不管是投简历、参加公司说明会还是接受面试，都只是一个叫作"求职"的游戏中的一个环节，他们每天要考虑的就是怎么才能把这个游戏打通关。

只有通过了前一关才能进入下一关。每通过一关都能拿到奖励分，力量会因此得到强化……

听到这番话，大人们往往会一笑置之："原来如此，他们把求职想成是游戏啊。可要是不好好努力的话，可没办法把这'破游戏'打通关哦，哈哈哈哈！"

我对这些年轻人的未来感到无比心焦，以致心情变得黯淡。同时，对于那些压抑学生们的天性却不自知，毫无羞耻心的大人们，我的内心也感到愤慨不已，久久不能平静。

---

[1] 日语中的内定与中文意思不同，此处可以理解为工作录用通知。——译者注

脑科学教你合理制怒

● 理解 21 世纪新型愤怒的小技巧 ●

将不喜欢做的事情当作游戏对待。

第 6 章　20 世纪的愤怒情绪，21 世纪的愤怒情绪

不生气的日本青年属于新人类

求职活动毫无意义，仅靠偏差值也无法公正地评价一个人……

一直以来都在批判这些制度的我，有一天顿悟了一些事，那就是现在的年轻人对大人们制定的各种规则唯命是从的理由。

他们把这当作是一场游戏，即使内心十分不情愿，但还要装作一副乐在其中的样子。这一点在前面的小节已经说过了，但理由还不仅如此。

年轻人们拥有更深远的眼光。他们已经意识到，总有一天，能够自己制定规则的时代将会来临，那时候他们将可以按照自己的心意改变这个社会的规则。

从参加游戏的一方变成制作游戏的一方。我不知道那到底会是

几年以后的事，但年轻人们定然已经在冥冥之中感受到了这一点。

说得再贴切一点，就是世代更迭。即使是现在看起来并不可靠的年轻人，几年、几十年以后也一定会成长为有责任感的大人，变成社会的栋梁。

如今活跃在社会各界的那些正值壮年的人，曾经也是年轻人。应该也曾被他们的父辈祖辈叹息"如今的年轻人啊"。即便如此，由于日月更替，世代更迭，曾经"不成器"的他们也变成了现在的社会栋梁。然后，他们也像自己的父辈那样，对着即将踏入社会的看起来并不可靠的年轻人们，发出那声自己耳熟能详的叹息"如今的年轻人啊"。

不管成长到什么年纪，在上一辈的人眼里，自己永远都是那个"嘴上无毛，办事不牢"的年轻人。我相信这一点在将来也不会发生改变。

如今的社会栋梁，在几十年前也一定和现在的年轻人没什么两样。我坚信这一点。

如果非要说有什么不一样，那就是如今的年轻人拥有一些以前的人们未曾拥有的优势。正是因为他们拥有这些优势，所以才会选择唯唯诺诺地遵从大人们制定的规则，也因此能拥有更加深远的眼光。

第 6 章 20 世纪的愤怒情绪，21 世纪的愤怒情绪

这些优势主要可以总结为以下三点：

"数字原生代"❶；

"拥有多元化的价值观"；

"会说英语"。

每一项看起来都好像并没有什么特殊之处，但这三项集齐后就会变成十分厉害的"武器"。这些都是全球化、IT 化、价值观多元化高速发展的 21 世纪后半叶不可或缺的东西，甚至说是一种"事实标准"❷也毫不为过。

当然，如今的大人们中也存在拥有这三种武器的人，这也是他们能活跃于社会各界的原因。俯瞰当今社会，拥有这些武器的年龄层里，年轻的一代具有压倒性的优势。这是谁都无法否定的事实。

当今社会的年轻人，可以说一出生就能拥有上一代人所未曾拥有的得天独厚的优势。**因此可以说他们是日本历史上前无古人的"新人类"。**

年轻人的内心也十分清楚，如果没有这些武器，那将很难在将

---

❶ 即数字原住民，指和高科技一起诞生、学习生活、长大成人者。——译者注

❷ 事实标准是指并非由标准化组织制定的，而是由处于技术领先地位的企业、企业集团制定（有的还需行业联盟组织认可），由市场实际接纳的技术标准。——译者注

来的时代生存下去，但他们也从不因此夸张炫耀。

如今的年轻人拥有更加深远的眼光。也正因如此，他们才会穿上并不喜欢的求职西装，即使对偏差值制度多少抱有不满，也毫无怨言地努力饰演着自己的角色。这就是当代年轻人的生存之道。

理解 21 世纪新型愤怒的小技巧

因为拥有深远的眼光，所以即使对现状感到不满也不会愤怒。

第 6 章　20世纪的愤怒情绪，21世纪的愤怒情绪

青年们终会瓦解固有体系

从表面上看，当代的年轻人并没有什么怒火。他们温顺地遵从大人们创造的规则和体系，看上去好像也并没有什么不满。

对于掌控着他们的大人们来说，虽说年轻人看起来好像并不可靠，但是对自己言听计从。而且年轻人还拥有那些厉害的武器，所以驱使年轻人工作，让他们在工作舞台上大放光彩，最后得利的还是大人们自己。

对于大人们来说，年轻人是一种很方便的存在，既不会生气，又十分好掌控。

但其实这只是表象。对于年轻人来说，那些自身没有武器，而且喜欢把价值观强加给他人的大人们，他们虽不至于鄙视，但多少

也觉得"烦躁",总之肯定谈不上"尊敬"二字。

因为没办法,所以才不得不言听计从……大概就是这样阳奉阴违的情况。这恐怕才是当代年轻人的心声。

"如果完全把工作交给我,那么肯定能做得比现在效率更高、更有趣,国际化的发展更迅速。但大人们总是把'那怎么行呢'挂在嘴边,真是太无聊了。"

事实上,年轻人早就对把陈旧价值观当作金科玉律的大人们深感愤怒。之所以没有人说出口,是因为他们觉得即使说出来也没什么意义。**他们认为现阶段的自己,只需要说着"好的好的"点头应声、言听计从就好。这是年轻人自己的处世之道。**

如果只是这样,那当代年轻人和以前的年轻人也没什么区别。但高瞻远瞩的当代年轻人的厉害之处还远不止如此。

作为数字原生代的新人类,如果能够活跃于社会的各个角落,那么因泡沫经济破灭,发展停滞30年的日本社会也必然会再度辉煌起来吧。他们如果能够有效地运用自己的武器,那这种辉煌也并非不可能实现的。

当代年轻人自己也有这种自信,但他们却不骄不躁。他们坚信"总有一天属于自己的时代会来临",所以他们甚至有些故意放慢脚步,或者说是在"蓄势待发",等待一鸣惊人的那一天。

第 6 章　20 世纪的愤怒情绪，21 世纪的愤怒情绪

他们已经预见了几年、几十年后，自己站在金字塔顶端的样子。他们正虎视眈眈地等待着那个时代的到来。

时代的浪潮正在推动着年轻人奔涌向前。今后，全球化、IT化和价值观的多元化必然会发展得更加迅速。

想要应对这样日新月异的变化，年轻一代比如今的社会栋梁们更具有优势。他们所拥有的那些武器将会帮助他们大展拳脚。

"就算只是静静等待，自己也迟早会有站在金字塔顶端的一天。到那时候，一定要改变现在这种毫无意义的体系和规则。一定要让社会变得更加美好！"

他们从不吐露这种心声，对大人们制定的体系和规则也从无怨言，只是默默地言听计从。大人们也一边抱怨当今的年轻人"没有霸气""没有梦想""感受不到任何干劲"，一边努力地想要把价值观强加给他们。

现状就是，年轻人正温顺地遵守着这些体系规则，所以貌似万事大吉，大人们也看上去高枕无忧。但这种现状到底能够持续多久呢？

当内心有着自己想法的年轻人开始在社会的各个角落挥洒汗水时，他们也会悄悄地把自己的新规则渗透进去。等到将来大人们意识到这一点时，就会发现自己老一套的做派已经行不通了，自己俨

脑科学教你合理制怒

然成了浦岛太郎。❶

也许突然有一天，日本社会会骤然发生改变——这样的事例在人类历史上屡见不鲜。日本的明治维新就是一个很好的例子。

从武士社会演变为四民平等❷。一百多年以后出生的我们，自然知道这样的变化到底是如何产生的，但在当时，明治维新的星星之火，却是在日本的武士们完全没有注意到的地方被点燃的。"反应过来的时候，已经变成明治时代了"，在当时一定有许多武士是这个感想。这，就是革命。

那种"反应过来的时候，时代已经发生变迁了"的事情，今后还有可能在日本出现。不，是必然会出现。

促使这种变化产生的，正是如今不生气的日本青年。他们一定会改变大人们制定的体系与规则，创造出属于自己的体系，让深陷经济停滞泥潭的日本社会重新焕发光彩。

---

❶ 浦岛太郎，日本古代传说中的人物。此人是一个渔夫，因救了龙宫中的神龟，被带到龙宫，并得到龙王女儿的款待。临别之时，龙女送给他一个玉盒，告诫他不可以打开它。太郎回家后，发现认识的人都不在了，才知道龙宫中的几天，却是陆地上的几百年。他打开了盒子，盒中喷出的白烟使太郎化为老翁。——译者注

❷ 日本明治维新中实施的重新建立身份制度的政策。废除封建身份，将国民分为皇族、华族、士族、平民四等，取消武士特权。——译者注

第 6 章　20 世纪的愤怒情绪，21 世纪的愤怒情绪

不生气的日本青年发起的安静的革命——青年们终会瓦解固有体系。

虽然我不知道什么时候可以看到这一天的到来，但我相信，变革的车轮已经开始滚动。对这一切毫无察觉的，只有老派的大人们而已。

● 理解 21 世纪新型愤怒的小技巧 ●

想要改变社会，就要先瓦解固有体系。

213

从游戏中学习人生

不生气的日本青年,并不是没有霸气、梦想和干劲。虽然说他们确实难以捉摸,但我认为他们只是没有选择"愤怒"这种方式,或者只是没有把自己的想法说出口而已。

不选择愤怒的这种做法,就已经比那些动不动就大声怒吼、大发雷霆的大人们强了百倍。可见同为人类,年轻人进化得更加完全。

年轻人即使觉得大人们制定的体系和规则没有任何意义,并且效率低下,也只会认为"没办法"而默默接受。并不是他们的怒火消失不见了,而是他们不把这些心声吐露出来罢了。**年轻人认为"发火"这件事本身就很没品。**

第 6 章　20世纪的愤怒情绪，21世纪的愤怒情绪

我认为他们之所以会有这样的想法，和他们经常接触游戏是有一定联系的。从孩提时代就开始玩游戏的他们，一边玩游戏一边学习自己的处世之道。

不管是什么类型的游戏，玩家都不会从一开始就是无敌的。如果不会操作、不知道怎么玩，那肯定游戏开始不久就结束了。

如果此时因为懊恼就开始发怒地拍打电视屏幕、乱扔手柄，一旦游戏机被摔坏了，那就再也没法玩游戏了。而且，如果带着烦躁不安的心情玩游戏，那精神定然无法集中，游戏也玩不好。

反之，如果能够把精神集中在眼前的游戏上认真操作，那一定可以变得熟练，逐渐通关。大脑在这种状态下会分泌出多巴胺。

"烦躁不安是游戏的天敌，生气的时候可玩不好游戏。"

我想，年轻人大概就是这样从游戏中学习处世之道的吧。这真是十分了不起的想法。而现在家长却不管不顾地只是限制自己孩子玩游戏的时间，我认为这种教育方法是毫无道理的。

现实社会其实与游戏类似。如果能够以玩游戏的方法去应对，那大体上不会有什么问题。

即使碰到了什么问题，也只需要像玩游戏那般，将眼前的情况处理好就行。就算是不喜欢，生气也只是徒劳无功而已。毕竟规则暂时无法被改变，所以只能自己努力去适应。

如果规则可以被改变，那能改变规则的只有制定它的人。如此一来，只需要让自己努力成为制定规则的人，然后再去改变规则即可。

年轻人从游戏中学到了这些东西，然后去努力实践。真是后生可畏啊。虽然我不知道年轻人会把社会变革成什么样子，但是作为老一辈的人，我希望可以温暖地守护他们。

顺带一提，我觉得最具代表性的不生气的日本青年是落合阳一[1]和前田裕二[2]。虽说我并未与他们每日相处，但我真的从未见他们发过火。

我认为他们是能够改变时代的那一群人，同时他们也受到了来自各界的瞩目。想跟他们做生意、聊天的"大叔"，多到我甚至不敢相信。

其实受大叔们的欢迎也并非一件坏事。毕竟他们手握实权，只要能有效地利用他们就好了……

我的内心其实在隐隐期待他们能够与大叔们强强联手，将陈旧

---

[1] 日本媒体艺术家、筑波大学助理教授兼数字自然研究室负责人，曾获得 2015 年度的世界科技奖（The World Technology Award），也因为著有畅销书《魔法的世纪》《超 AI 时代的生存战略》而被日本媒体追捧为网红。——译者注

[2] 前田裕二，日本直播软件 Showroom 社长。——译者注

的体系和规则逐渐更新。一旦有了他们做榜样,那就会有越来越多的年轻人开始勇敢地发出自己的声音,说出"这个应该这样做才对",并逐渐创造崭新的体系和规则。如此一来,日本走出泥潭也就指日可待了。

理解 21 世纪新型愤怒的小技巧

不生气可以让人类获得进化。

脑科学教你合理制怒

SNS 容易导致愤怒情绪扩散

接下来，我要为大家介绍 21 世纪新型愤怒的第二种——网络愤怒。

如今，"炎上"❶这个词被人们使用得越来越广泛了。一旦某位明星曝出负面新闻，那么当事人和有关人员的主页、博客等 SNS 平台必然会瞬间骂声一片。仔细观察便可发现，这些留言中不乏大量的跟风网民。

随着事态发展，雅虎新闻等具有较大影响力的网站都会开始报道"××炎上"，导致话题被越炒越热，扩散得更广。

---

❶ 网络流行语，来源于日语，本意是短时间内爆出大量负面新闻。——译者注

第 6 章　20 世纪的愤怒情绪，21 世纪的愤怒情绪

我本人也曾由于在推特上发表了一些言论，招来了炎上事件。一度收获了许多匿名者表达自己愤怒情绪的留言。那些负能量的留言十分骇人，甚至会让许多人因此陷入抑郁或者对他人失去信心。

负面事件之所以是负面事件，是因为这些事件或多或少给他人带来了困扰，本来不该出现。如果当事人可以向受害方真诚地道歉和补偿，并且保证今后不再犯，那按理来说，这件事应该就算是过去了。

这本就不该由第三方出来插嘴，说七说八、宣扬正义或者表达愤怒，这些行为都是多管闲事。**第三方在 SNS 上对负面事件的当事人表达愤怒的做法，不合乎情理**。这种行为就和在火场看热闹没什么两样。

因为引发负面事件的当事人应对不周到，所以自己感到不愉快了；自己平时明明一直在支持他，感觉好像被背叛了一样……

的确，肯定会有人有上面这样的想法，有些人甚至会因此而暴怒不已。但与事件毫不相关的人，把自己的愤怒情绪发泄在负面事件的当事人身上，再怎么也说不过去。暴怒的网民们自以为是在代表正义阐述所谓的道理，但这完全就是一种强行把价值观加到他人身上的行为。

其他不知情的网民碰巧看到这样的评论后，自然开始跟风漫骂……即使是在网络上，镜像神经元系统也会发挥作用，导致愤怒情绪一传十、十传百地蔓延开来。以脑科学的理论来说，这应该叫作"炎上系统"。

如果此时有谁发出"你这样做不太好""还是不要这样了吧"这样的评论，那这些好心的网民就变成众矢之的了。一旦处于这样的炎上状态，被愤怒情绪感染的网民在数量上将占据压倒性的优势，而那些好心的评论不过是在飞蛾扑火，反而会事与愿违，在愤怒的网民头上火上浇油。当事态发展到这种地步的时候，可以说做什么都于事无补了。

在 20 世纪肯定不存在这种网上的炎上行为吧。正是因为智能手机和社交网络的普及，才使这种行为成为家常便饭。

只要拥有智能手机，一天 24 小时，基本上不管在哪我们都可以获得最新的信息。并且，我们也可以很轻易地在社交网络上发表自己的评论。就算是一些没有确认过信息来源、不知真假的信息，我们也可以轻松地发出一些"这人太过分了""我看不下去了""快住手吧"这样的评论。

网民们之所以能够如此轻松地对负面事件的当事人发出那些过分的漫骂，是因为大家都是匿名的。因为是匿名，所以就可以随意地向对方表达自己的愤怒。

不管自己评论的内容有多不堪，反正当事人无法反驳，所以自己可以心安理得地谩骂。对这些匿名谩骂的网民们来说，这大概已经成为他们的一种发泄压力的方式了吧。

理解 21 世纪新型愤怒的小技巧

网上的谩骂就是在强加价值观给他人。

脑科学教你合理制怒

不要对生气的人火上浇油

在网上发布谩骂评论的人,其中大部分人并非想要制造炎上话题,只是因为他们在平时都是一些"憋屈"的人。即使在日常生活中遭受到一些有理说不清的事情,他们也不敢当场发怒,只能"打落牙齿和血吞"。"反正说了也没用",他们大概已经放弃抵抗了吧。

这样的忍耐日渐堆积,一旦他们在网上看到了什么负面事件,内心"无法原谅"的怒火就会一下子燃烧起来。看到有许多人正怀着和他们一样的心情在谩骂,他们瞬间就被感染了。"我也可以和这些网民一起谩骂""我也要勇敢发出自己的声音",这样,又一位"网络喷子"诞生了。

第 6 章　20 世纪的愤怒情绪，21 世纪的愤怒情绪

如果你也是这类网民中的一员，接下来我将向你介绍如何戒掉这种行为。首先要做的是，**不去看网上那些负面的新闻**。炎上话题下必然是骂声一片，只要能够远离这些话题，自己就能从愤怒中解脱出来。

在此基础上，再实践一些之前介绍的"在心里默默计算""时刻保持笑容""让身体动起来""学会自我安慰""吃美味的食物"等抑制愤怒的方法。只要能够做到这两点，那你应该就不会再把愤怒情绪发泄到与自己毫不相干的第三者身上了。

反之，如果你自己就是负面事件的当事人，这一片骂声针对的就是你，你肯定希望能以一种和平的方式息事宁人。这时需要注意的就是：你自己绝不能被愤怒感染。

谩骂你的人大多是匿名的，平时与你完全没有接触。他们现在感到很愤怒——这是你唯一能够掌握的信息。

关于抑制对方愤怒情绪的方法，我在第 3 章已经为大家介绍过了，但这些方法并不全都适用于网络世界，那我们到底该怎么办呢？对于这些愤怒的网民，正确应对的方法有两种。

第一，不要反驳。在网上，感到愤怒的网民往往会找各种理由去骂人。就像是路怒症，一旦开始就难以停止。

你一旦反驳，就代表你也被愤怒情绪感染了，对方的行为肯定

会变得更加激烈。

在 SNS 的世界中，有一句名言叫作"不要给巨魔喂食"[1]。巨魔（Troll）指的就是网上那些带着愤怒情绪来攻击你的人，饵料就是你的反驳言论。

如果你主动反驳他们，那无异于火上浇油，正合了他们的心意。即使你再怎么发声辟谣也不及他们的声势浩大。他们会不断攻击你，直到他们感到厌倦为止。

第二，不要拉黑。乍一看拉黑好像可以迅速切断与对方的联系，但其实恰好相反。

网民可以再创建其他的账号来攻击你，如果他们使用这种方法，用上数十数百个账号都不算少。**一旦将对方拉黑，那就等于在激发对方的好胜心**，事态会愈演愈烈。对方也会因此分泌更多的去甲肾上腺素，越发具有攻击性。

以遵守这两大原则为前提，**应对令人头疼的网络喷子的方法，就是向他们表示感谢**。"十分感谢您提出的宝贵意见。我会将其作为我今后行动的指标"，像这样表示感谢的方法才是正解。

俗话说得好，伸手不打笑脸人。我们主动表示感谢，对方也就

---

[1] 英语为 Don't feed the trolls。——译者注

不好再纠缠下去。"镜像神经元系统"会让他们的愤怒情绪难以维持。"嗯，那差不多就收手吧"，像这样偃旗息鼓的人也不在少数。

如果随便找借口为自己辩解，那一定会被抓住漏洞。毕竟大家都不是傻子，何况他们最喜欢的事情就是鸡蛋里挑骨头。因此，当你处于事件中心时，不管再怎么生气，也应该用感谢作为终结，只有这样才能获得最后的胜利。

理解 21 世纪新型愤怒的小技巧

对付网络喷子，不要给他们饵料。

生气是因为缺乏元认知能力

像他人看待自己一样客观地进行自我剖析,这种能力被称为"元认知"。人的大脑中,就存在这样的元认知机能。

然而遗憾的是,如果自己无法意识到这一点,这种机能就无法发挥作用。如果这种元认知的功能不起作用,那你就容易被周围的人认为"不自知""好烦人"。

很少有人会告诉当事人这个事实。因此,只能靠自己让元认知功能运行,才能意识到这一点。

缺乏元认知的代表性存在,就是那些逐渐被时代淘汰的 20 世纪的大叔们。他们只会一味地把自己的价值观强加给他人,一旦有人胆敢不遵守,就对这些人破口大骂。把自己内心那种因与时

第 6 章　20世纪的愤怒情绪，21世纪的愤怒情绪

代脱节而产生的不安、不满、不顺，一股脑地全都注入网络评论里面。

这类人自然会被别人嫌弃"不自知""好烦人"。但他们并没有意识到自己已经与时代脱节，这是因为他们缺乏元认知能力。

发挥这种元认知的功能，可以促使自己拥有一个"沉着冷静的大脑"。**元认知功能发挥作用，就能促进大脑前额叶的情绪控制功能发展，强化大脑的连锁反应**。这样，大脑也就不容易被愤怒情绪侵占，不会因为愤怒而停止思考，无论什么时候都能做出最正确的决定。

如果能够客观地认知自己，那么即使心情变得烦躁不安，自己也能努力克制，也就能做到不把情绪发泄到他人身上。

即使愤怒情绪涌上心头，也能明确地向对方表达出来。而且可以通过迅速地抑制对方的愤怒，防止自己被愤怒情绪感染。

大叔们正是因为无法进行元认知，所以才经常处于暴怒状态。那些有涵养的大叔，都是懂得元认知的人。

想要强化大脑的元认知功能，就要实践本书之前介绍的那些让自己不生气的方法。如果能够做到把自己的愤怒情绪巧妙地传达给他人，那更是再好不过了。

元认知和"沉着冷静的大脑"，就是一枚硬币的正反两面。

只要让一面得到强化,另一面也会随之得到增强。

当你感觉怒不可遏的时候,一定是你的元认知功能失效了。你的大脑被愤怒情绪所侵占,所以无法站在客观的角度上看待自己。这样,在周围人的眼里,你就变成了一个"不自知""好烦人"的人。

如果长期处于这样的状态,那就与20世纪的大叔们无异了。等待你的就只有时代的淘汰。

我相信,谁都不甘心成为一个不会元认知的人。

为了避免这样的事情发生,我们应该努力让自己获得一个"沉着冷静的大脑"。虽然这并非一朝一夕就可以做到的事,但只要我们能够持之以恒,定然会水滴石穿,得到我们想要的结果。

成为一个不生气的人,做到"吾日三省吾身",如此一来不管是工作还是学习,你必然都会节节高升、一路坦途。此间奥秘,尽在本书当中。

理解 21 世纪新型愤怒的小技巧

不会元认知的人,是令人讨厌的人。

第 6 章　20 世纪的愤怒情绪，21 世纪的愤怒情绪

本章小结

- 21 世纪的新型愤怒情绪——年轻人言不由衷式的愤怒和网络愤怒。

- 不生气的日本青年，把人生当作游戏。

- 新人类，拥有三种武器。

  ❶ 数字原生代

  ❷ 拥有多元化的价值观

  ❸ 会说英语

- 瓦解固有体制的青年，将在某天突然掀起一场安静的革命。

- 对于 SNS 上的愤怒评论，应该做到"不反驳""不拉黑"。

- 20 世纪愤怒的大叔们已经逐渐与时代脱节。

- "沉着冷静的大脑"和元认知，就是一枚硬币的正反两面。

后 记

首先，十分感谢打开这本书阅读到最后的你。

对我而言，出版一本以愤怒为主题的书这还是头一次。当我收到这样的出版邀约时，说实话是有点震惊和疑惑的，我满脑子想的都是"为什么是我"。

人到底为什么会生气？生气的时候大脑处于一种什么状态？要怎么做才能不再生气呢？……

我相信有很多读者抱有这些疑问。如果能"由脑科学家来为您解读愤怒与大脑的关系"，那大家一定会感兴趣吧。可即便如此，我还是会觉得"我真的可以吗"，毕竟我年轻的时候可是个暴脾气的人。

"就算我是一位脑科学家,但让一个曾经脾气火暴的人来介绍'不生气的方法',好像没什么说服力吧?"

这就是我内心真实的想法。说实话,当时我内心十分犹豫到底要不要写这本书。就在我纠结到底要怎么回复的时候,正在散步的我突然灵光一闪,想到了下面的这些内容:

"一个曾经暴脾气的人变得不再易怒。如果我能把自己的这个经验介绍给读者,那肯定能写出一本很有意义的书吧。我站在一个容易生气的人的角度上,提出一些不生气的方法也不错。"

于是我果断接受了出版请求,执笔写出了本书(这里多亏大脑的默认模式网络发挥了作用)。我认为这本书与我以往出版的书风格都不同,是一本特别的书。

关于"怒火即将爆发时的紧急处理方法""从今天开始养成不再生气的好习惯"这两个章节,可能有些读者会觉得内容有些出乎意料。毕竟虽然这些方法都是依据脑科学的原理想出来的,但有些方法确实并不适合大多数人。如果不能立马获得成效,那学了有什么用呢?我想说的是,希望大家可以一边尝试一边实践,这些方法哪怕能够派上一点用场,那我就深感欣慰了。

愤怒情绪也分好坏。良性愤怒可以促进变革的产生,恶性愤怒则可以通过抑制让它烟消云散……这些都是应对愤怒情绪的好

后 记

方法。

只要能够掌握应对方法,那么大脑就难以被愤怒情绪侵占。学会元认知,可以让工作和学习一帆风顺。

善于与愤怒情绪相处,才能拥有"沉着冷静的大脑"。我相信,无论是谁最终都能做到这一点。

努力让自己拥有一个"沉着冷静的大脑"吧!

茂木健一郎